Hydrostatik von Schiffen

Prof. Andreas Meyer-Bohe

Hydrostatik von Schiffen

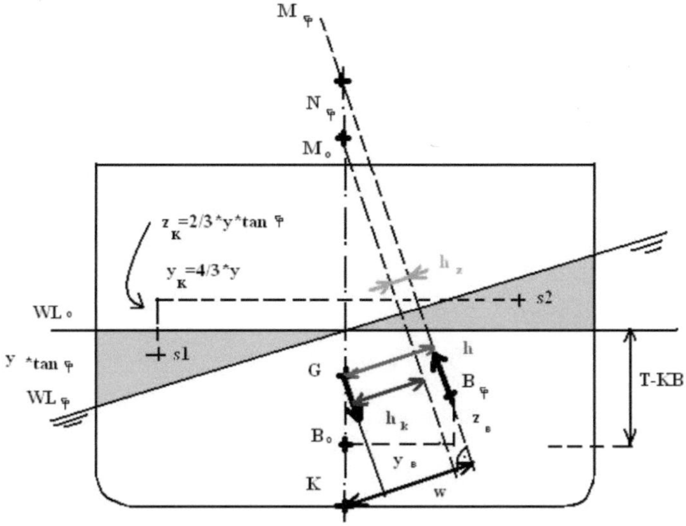

Cuvillier Verlag Göttingen
Internationaler wissenschaftlicher Fachverlag

Bibliografische Information der Deutschen Nationalbibliothek
Die Deutsche Nationalbibliothek verzeichnet diese Publikation in der Deutschen Nationalbibliografie; detaillierte bibliografische Daten sind im Internet über http://dnb.d-nb.de abrufbar.
1. Aufl. – Göttingen: Cuvillier, 2013

ISBN 978-3-95404-349-1

Nonnenstieg 8, 37075 Göttingen
Telefon: 0551-54724-0
Telefax: 0551-54724-21
www.cuvillier.de

1. Auflage 2013
Gedruckt auf säurefreiem Papier

ISBN 978-3-95404-349-1

Hydrostatik von Schiffen

Vorwort

Dieses Lehrbuch vermittelt Grundkenntnisse über Hydrostatik, die für den Entwurf von Schiffen und schwimmenden Anlagen benötigt werden. Es entstand aus 16 Jahren Vorlesungen und Übungen am Institut für Schiffbau der Fachhochschule Kiel.
Ziel des Buches ist es, physikalische Verhältnisse und mathematische Lösungswege für die Intakt- und Leckstabilität von Schiffen aufzuzeigen. Hierzu gehören Kräfte-, Momenten- und Energiebilanzen und die Verwendung von Bordunterlagen (Formkurvenblatt und Pantokarene). Damit kann die Schwimmlage des Schiffes und die Stabilität gegen Kentern berechnet werden. Ferner können Hauptabmessungen und die innere Unterteilung aus hydrodynamischer Sicht beurteilt werden und ggf. Maßnahmen zur Optimierung vorgeschlagen werden.
Das Buch wendet sich in erster Linie an Schiffbau-Studenten und Mitarbeiter bei Werften, Ingenieurbüros und Reedereien, kann aber auch in anderen Bereichen der maritimen Verbundwirtschaft eine wertvolle Hilfe sein.

Die Zusammenstellung eines Manuskriptes erfordert viel Mühe. Daher möchte ich den Schiffbau-Studenten an der Fachhochschule Kiel danken für ihre rege Beteiligung an den Übungen und für beharrliches Rückfragen. Ferner danke ich dem Schiffahrtsverlag Hansa, dem Köhler-Mittler-Verlag, der Lindenau-Werft und Frau Kaja Grope für die freundliche Genehmigung zum Abdruck ihrer Bilder und Zeichnungen.

Hinweis: Der Autor dieses Buches übernimmt keine Haftung für Fehler und technische Folgen, die aus der Anwendung der Berechnungsmethoden aus diesem Buch entstehen können.

Kiel, den 1.2.2013   Andreas Meyer-Bohe

Der Autor

Prof. Dipl.-Ing. Andreas Meyer-Bohe absolvierte sein Schiffbau-Studium an der Technischen Universität Hannover. Anschließend arbeitete er sechs Jahre bei der SIETAS-Werft in Hamburg, zuletzt als stellvertretender Leiter des Projektbüros. 1988 wechselte er zur Schiffswerft LINDENAU GmbH nach Kiel, wo er zunächst das Projektbüro und ab 1992 das Technische Büro leitete. 1995 wurde er an die Fachhochschule Kiel berufen und vertritt dort die Gebiete Schiffsentwurf, Schwimmfähigkeit & Stabilität und Hydromechanik. Ferner hielt er Vorlesungen an der FH-Flensburg für Schiffsbetriebs-Ingenieure und Nautiker.

Prof. Meyer-Bohe ist stellv. Dekan im Fachbereich Maschinenwesen an der FH-Kiel. Er ist an zahlreichen Industrieprojekten beteiligt, insbesondere bei der Entwicklung von Doppelhüllentankern und Projekten zur Verbesserung des maritimen Umweltschutzes.

Inhaltsverzeichnis

1. Stabilität des Schiffes in nahezu aufrechter Schwimmlage ($\Phi < 5°$)

1.1. Allgemein

Es ist tägliche Aufgabe der Bordbesatzung, zu errechnen, welche Schwimmlage sich bei einem Schiff einstellt, wenn es mit bestimmten Kräften oder Momenten belastet wird [z.B. der Ladung]. Dieser Abschnitt soll den physikalischen Zusammenhang zwischen den Kräften und Momenten am Schiff und der daraus folgenden Schwimmlage untersuchen.

Die an einem Schiff wirkenden Kräfte sind
- „Auftriebskräfte“ aus der Schiffsform, die sich sehr genau berechnen lassen.
- „Massenkräfte“ [Leerschiffsmasse, Ladung...], die entweder bekannt sind oder durch Versuche gemessen werden [z.B. Krängungsversuch]
- „Sonstige Kräfte“ [Winddruck-Kraft, Zentrifugalkraft im Drehkreis, Eis an Deck], die nicht genau bekannt sind und aufgrund von Erfahrung geschätzt werden.

Als Koordinatensystem wird folgendes System vereinbart:

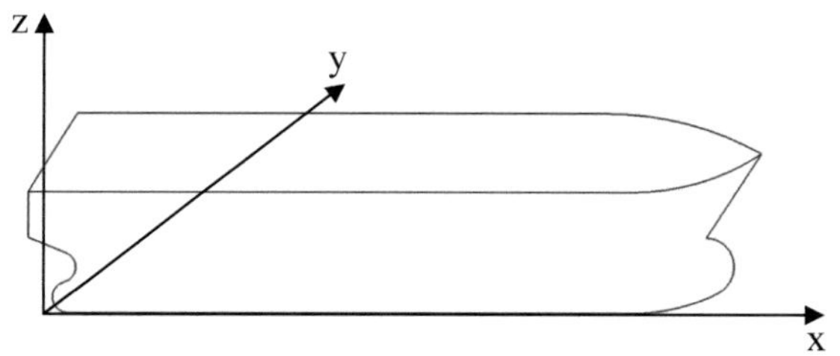

Der Ursprung liegt bei:

x = 0 → Hinteres Lot
y = 0 → Mitte Schiff
z = 0 → OKK (Basis)

F_z = Kraft in z-Richtung
M_T, I_T = Breiten-Moment um die x-Achse [transverse]
M_L, I_L = Längen-Moment um die y-Achse [longitudinal]
M_V = Höhen –Moment um die y-Achse [vertical]

Nomenklatur				
Deutsch	**Englisch**	**dt.**	**engl.**	**Sonst.**
Tiefgang (OKK)	Draft (TOK)	T	D	Tm
Längenschwerpunkt der WL (vor HL	Longitudinal center of flotation	xwl	lcf	AF,cof
Längenschwerp. der Verdrängung	Longitudinal center of bouyanc	xv	lcb	AB
Längenschwerp. des Gewichtes	Longitudinal center of gravity	xg	lcg	
Höhenschwerp. der Verdrängung	Vertical center of bouyancy	KF	KB	vcb
Höhenschwerp. des Gewichtes	Vertical center of gravity	KG	vcg	
Seitenschwerpunkt des Gewichtes	Transverse center of gravity	yg	tcg	
Vertikal-Abstand Kiel-Metazentrum	Distance keel=>metacentrum	KM	KM	KMT
Breiten-Trägheitsmoment	Transv. moment of inertia	Ib	IT	Ix
Trimmfaktor (v , h)	Trim coefficient (fore,aft)	tv,th	tf,ta	
Tiefertauchung (t/cm)	Immersion ; Inc. of Displacem.	Immers	TCP	TP, J_{nc}
Oberfläche	Surface	O	Surf.	
Pantokarenen	Cross curves	KN	w	
Hebelarm	Heeling lever	hst	h	

Weitere Definitionen:

- Die Masse eines Schiffes wird Deplacement [Depl in t] genannt.
- Die Verdrängung eines Schiffes ist das Volumen des Unterwasserschiffes [∇ in m^3].
- Die Dichte des Wassers wird als Rho bezeichnet [$\rho = 1{,}025\ t/m^3$ bei Seewasser].
- Die Erdbeschleunigung beträgt $g = 9{,}81\ m/s^2$.
  Über $F = m \cdot g$ werden Kräfte und Massen umgerechnet: $1{,}0\ t \approx 9{,}81\ kN$.

1.2. Das Archimedische Prinzip (280 v. Chr.)

Warum schwimmt ein Schiff aus Eisen? Machen Sie ein Gedanken-Experiment:

- nehmen Sie einen Eisenklotz und legen Sie ihn auf das Wasser. Er wird untergehen.
- formen Sie aus dem Eisenklotz eine Schale und sie wird schwimmen.

Dahinter steckt das „archimedische Prinzip“:

> „Ein Körper schwimmt im Gleichgewicht, wenn sein Eigengewicht genauso groß ist wie das Gewicht der von ihm verdrängten Flüssigkeit.“

⇨ Der Klotz kann nicht genügend Wasser verdrängen und geht unter. Die Schale dagegen verdrängt genügend Wasser und schwimmt.

Das Gewicht der verdrängten Flüssigkeit wird „Auftrieb“ genannt (engl. Buoyancy).
Die Auftriebskraft ist also $F_B = \rho \cdot g \cdot \nabla$
Das Gewicht des Schiffes wird „Deplacement“ genannt: $F_G = g \cdot Depl$

→ Für ein frei schwimmendes Schiff im Gleichgewicht gilt:

$$F_G = F_B$$

$$g \cdot Depl \qquad \rho \cdot g \cdot \nabla$$

$Depl = \rho \cdot \nabla$ im Gleichgewicht

Daher kann man Wasser auch als Präsisionwaage verwenden:
Wenn man das getauchte Unterwasservolumen eines Schiffes kennt, kann man das Eigengewicht des Schiffes sehr genau berechnen.

$$\text{Eigengewicht} = \nabla \cdot \rho \cdot g$$

Genau diese Verfahren werden bis heute bei jedem Schiffsneubau zur Bestimmung seines Eigengewichts durchgeführt.

Zusatzfrage: Warum schwimmt ein Eisberg mit -10° Eistemperatur in +5° warmem Wasser?

Antwort: $Depl = Vol_{ges} \cdot \rho_{-10^\circ} \overset{!}{=} \Delta_{Unterwasser} \cdot \rho_{+5^\circ} \rightarrow \Delta_{Unterwasser} = \frac{Vol_{ges} \cdot \rho_{-10^\circ}}{\rho_{+5^\circ}}$

1.3. Die Verdrängung

a) Der Auftrieb ist ein Kraft-Vektor, der stets senkrecht zur WL-Fläche gerichtet ist.

$$F_B = \rho \cdot g \cdot \nabla$$

b) Für die Berechnung der Verdrängung gibt es 2 Wege

$$\nabla = \int_0^L A_{spt(x)}\, dx$$

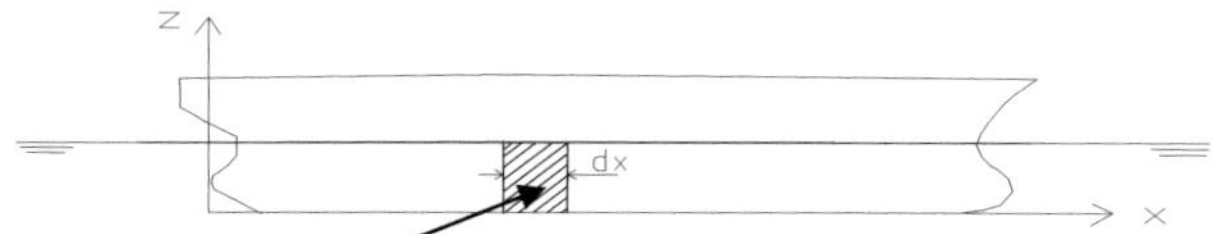

$$\text{dVol} = A_{Spt(x)} \cdot dx$$

oder

$$\nabla = \int^T A_{WL(z)}\, dz$$

$$\text{dVol} = A_{WL(z)} \cdot dz$$

Das archimedische Prinzip gilt auch für Zusatzgewichte

⇨ $m_H = \rho \cdot A_{WL} \cdot dT = TPC \cdot dT \cdot 100$ cm/m

$$\text{mit } TPC = \frac{A_{WL} \cdot \rho}{100cm/m}$$

Der Angriffspunkt der Verdrängungskraft liegt im Volumenschwerpunkt des Unterwasserschiffes. Der Abstand zum HL wird als Lcb (longitudinal center of buoyancy) bezeichnet. Der Wert wird bestimmt mit Hilfe einer Momentenbilanz um den Ursprung:

$$M_L = \nabla \cdot lcb = \int_0^L x \cdot A_{spt(x)}\, dx \quad \Longrightarrow \quad lcb = \frac{\int_0^L x \cdot A_{spt} \cdot dx}{\nabla}$$

1.4. Das Deplacement (Breakdown in Einzelmassen)

Am freischwimmenden Schiff greifen nur Massenkräfte und Auftriebskräfte an. Die Gesamtmasse des Schiffes – das Deplacement – wird in folgende Einzelpositionen aufgeteilt:

1) Nettostahl	NST	Leerschiffsmasse MLS
2) Einrichtung und Ausrüstung	E+A	Leerschiffsmasse MLS
3) Ladungsanlage	C	Leerschiffsmasse MLS
4) Maschinenanlage	M	Leerschiffsmasse MLS
5) Brennstoff, Schmieröl, Frischwasser, Proviant, Besatzung und Effekten	Vorräte	Tragfähigkeit „all told“
6) Wasserballast (in einzelnen Ladefällen)	WB	Tragfähigkeit „all told“
7) Ladung	Payload	Tragfähigkeit „all told“

$\sum$ = Deplacement

Die Gesamtmasse [Deplacement] ergibt sich als Summe der Einzelmassen.
Die Gesamtschwerpunkte ergeben sich durch Momentenbilanz:

$$Depl = \sum_1^i m_i \qquad lcg = \frac{\sum_1^i m_i x_i}{Depl} \qquad KG = vcg = \frac{\sum_1^i m_i z_i}{Depl} \qquad tcg = \frac{\sum_1^i m_i y_i}{Depl}$$

$\sum m_i$ =Summe der Einzelmassen
x_i, y_i, z_i = Längen / Breiten / Höhenabstand zum Ursrpung
lcg = longitudinal center of gravity
KG = vcg = vertical center of gravity
tcg = transverse center of gravity

1.5. Die Gleichgewichtsbedingungen

In der Hydrostatik wird – wie der Name schon sagt – ein statischer, zeitlich nicht veränderlicher Zustand vorausgesetzt. Dies bedeutet: glattes Wasser, Gleichgewicht, Schiff ohne Fahrt, keine Massenträgheit.
Die Gleichgewichtsbedingungen lauten für ein dreidimensionales System in allgemeiner Form:

$$\sum F = 0; \qquad \sum M = 0$$

In unserem Spezialfall der Hydrostatik treten Vertikalkräfte, Krängungs- und Trimmmomente auf. Daher reduzieren sich die Gleichgewichtsbedingungen auf

$$\sum F_z = 0 \text{ [Tiefgang]}$$
$$\sum M_T = 0 \text{ [Krängung]}$$
$$\sum M_L = 0 \text{ [Trimm]}$$

Fahren ($\sum F_x = 0$), Driften ($\sum F_y = 0$) und Gieren ($\sum M_v = 0$) werden in der Hydrostatik nicht untersucht und gehören in das Gebiet der der Hydrodynamik.

In der Hydrostatik ist es üblich, die Kräfte als Massen und die Momente als Massenmomente [Masse · Hebel] darzustellen. Die Einheiten sind also „t" oder „t·m".

Die Erdbeschleunigung „g" wird nicht mitgeführt, da sie sich in der Kräfte- und Momentenbilanz wieder herauskürzen würde.

$$1\,t \cdot g = 9{,}81\,kN$$

1.6. Das Metazentrum

Das Metazentrum wird dargestellt an einem Schwimmkörper, der durch ein äußeres Moment M_{Kr} zur Seite gekrängt wird [z.B. Winddruckmoment].

Die Kräfte, die an dem Schwimmkörper angreifen, werden an einem Spantquerschnitt dargestellt.

F_G = Depl = Masse	greift in G an	$G_0 = G_\varphi$
$F_B = \rho \cdot \nabla$ = Auftrieb	greift zunächst in B_0 an, wandert aufgrund der eintauchenden und austauchenden Keilstücke zur Seite nach B_φ aus	

Das Metazentrum hat eine anschauliche und eine mathematische Erklärung:

- mathematisch: Das Metazentrum M ist der Schnittpunkt zweier benachbarter Auftriebsvektoren bei kleiner Winkeldrehung ($d\varphi \Rightarrow 0$).
- anschaulich: Betrachtet man das Schiff als ein hängendes Pendel, so ist das Metazentrum der Aufhängungspunkt. Die Masse des Pendels ist im Punkt G vereint.

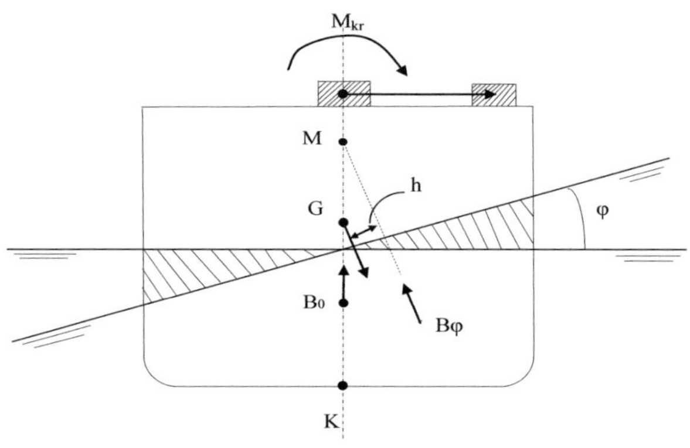

1.7. Das aufrichtende Moment bei kleinen Neigungswinkeln ($\varphi < 5°$)

Im Bild erkennt man, dass bei gekrängtem Schwimmkörper die Wirkungslinien der Gewichtskraft „F_G" und der Auftriebskraft „$F_{B\varphi}$" versetzt sind. Dadurch entsteht ein aufrichtendes Moment, welches dem äußeren Krängungsmoment entgegen wirkt.

Die Größe des aufrichtenden Momentes beträgt $M_A = F_B \cdot h$

Mit $F_B = \rho \cdot \nabla$ und $h = GM \cdot \sin\varphi$ gilt: $M_A = \rho \cdot \nabla \cdot GM \cdot \sin\varphi$

Mit Hilfe des aufrichtenden Momentes kann die Art des Gleichgewichtes bestimmt werden:

Stabiles Gleichgewicht liegt vor, wenn	$M_A > 0$ => $GM > 0$ => M liegt über G
Labiles Gleichgewicht liegt vor, wenn	$M_A < 0$ => $GM < 0$ => M liegt unter G
Indifferentes Gleichgewicht liegt vor, wenn	$M_A = 0$ => $GM = 0$ => M liegt in G

Die Strecke GM wird Anfangsstabilität genannt. Sie stellt ein Maß dafür dar, welche Stabilität in der Anfangsschwimmlage ($\varphi \sim 0$) vorliegt.

1.8. Berechung des Krängungswinkels bei kleinen Neigungen ($\varphi < 5°$)

Den Krängungswinkel erhält man aus der Gleichgewichtsforderung $\sum M = \sum M_{Kr} - \sum M_A = 0$.

Beispiel 1: Ein Schiff werde durch ein Windmoment „M_W" gekrängt

$$\Rightarrow \quad \left.\begin{array}{l} M_{Kr} = M_{W0}\,[tm] \cdot \cos\varphi \\ M_A = \rho \cdot \nabla \cdot GM \cdot \sin\varphi \end{array}\right\} \rightarrow \quad \tan\varphi = \frac{\sin\varphi}{\cos\varphi} = \frac{M_{W_0}}{\rho \cdot \nabla \cdot GM}$$

Beispiel 2: Eine an Deck stehend Masse m_H wird um den Weg dy zur Seite verschoben

$$\Rightarrow \quad \left.\begin{array}{l} M_{Kr} = m_H \cdot dy \cdot \cos\varphi \\ \| \\ M_{aufr} = \rho \cdot \nabla \cdot GM \cdot \sin\varphi \end{array}\right\} \rightarrow \quad \tan\varphi = \frac{m_H \cdot dy}{\rho \cdot \nabla \cdot GM}$$

Diese Gleichung zeigt den einfachen Zusammenhang zwischen Krängungswinkel φ, Verschiebemoment „$m_H \cdot dy$" und Anfangsstabilität GM. Wenn zwei der drei Größen bekannt sind, kann die dritte berechnet werden.

Beispiel Krängungsversuch:

$m_H \cdot dy$ und φ werden gemessen

$$KG = KM - GM = KM - \frac{m_H \cdot dy}{\rho \cdot \nabla \cdot \tan\varphi}$$

m_H = Krängungsgewicht, dy = seitliche Verschiebung

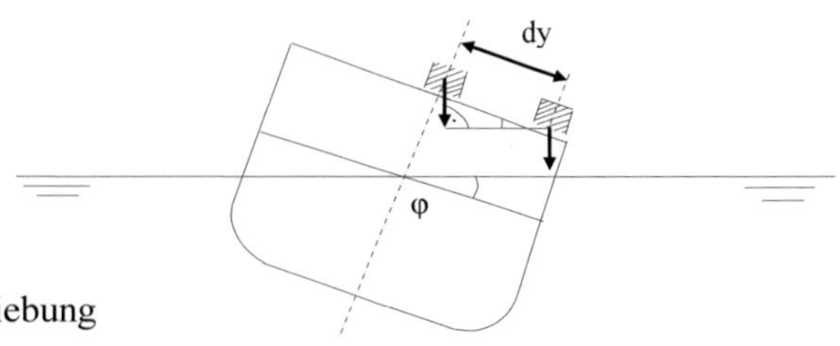

1.9. Die Guldinsche Regel

„Der Schwerpunkt eines Körpers (Masse, Volumen, Fläche) verschiebt sich bei der Verlagerung von Einzelkomponenten um eine solche Strecke, dass das Gesamt-Verschiebemoment gleich der Summe der Einzel-Verschiebemomente ist.
Die Verschiebewege sind parallel."

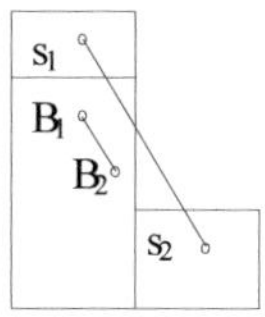

$$A_{ges} \cdot B_1B_2 = \sum a \cdot s_1s_2$$

$$B_1B_2 \| s_1s_2$$

1.10. Berechnung des Abstandes Kiel- Metazentrum „KM"

Voraussetzungen

- $\varphi < 5°$ — die folgenden Überlegungen gelten nur für kleine Winkel, so dass $\varphi = \tan\varphi = \sin\varphi$ ist
- Spantscheibe der Länge dx — eines Schwimmkörper der Länge dx habe einen konstantem Querschnitt. Dadurch wird das räumliche Problem zu einem Flächenproblem reduziert.

Herleitung

1. Schritt

   Die Höhe des Metazentrums über dem Kiel setzt sich aus 2 Teilstücken zusammen: KM = KB + BM. KB ist die Höhe des Auftriebsschwerpunktes und liegt zwischen T/2 (Ponton) und 2/3T (V-Spant).

2. Schritt

   Aus der Zeichnung geht hervor, dass die Unbekannte B_0B_φ durch eine Formel ersetzt werden kann: $B_0B_\varphi = B_0M \cdot \sin\varphi$
   Die Strecke B_0B_φ ist die seitliche Auswanderung des Auftriebsvektors in Folge der ein- und austauchenden Keilstücke.

3. Schritt

   Das Volumen des eintauchenden Keilstückes der Länge dx beträgt
   $\nabla_E = y \cdot y \cdot \tan\varphi \cdot 0{,}5 \cdot dx$.
   Der Schwerpunkt liegt bei $S_E = 2/3 \cdot y \cos(\frac{\varphi}{3}) \approx 2/3 \cdot y$ mit $\cos(\frac{5°}{3}) = 0{,}9996$
   Das austauchende Keilstück hat dasselbe Volumen, aber eine entgegen gesetzte Schwerpunktlage $\nabla\varphi = \nabla_0 + \nabla_E - \nabla_A = \nabla_0 \rightarrow \nabla_A = \nabla_E \rightarrow S_A = -S_E$

4. Schritt

   Berechnung der Auswanderung des Volumen-Schwerpunktes ($B_0B\varphi$) nach der Guldinschen Regel.

   Mit $\nabla_A = \nabla_E$ und $S_A = S_E = 2/3 \cdot y$ und $\overline{S_AS_E} = 2 \cdot S_E = 2 \cdot (2y/3)$ gilt:

⇨ Guldinsche Regel: $\nabla_{ges} \cdot B_0B\varphi = \nabla_E \cdot \overline{s_A s_E}$ $\quad => B_0B_\varphi = \frac{\nabla_E \cdot 2 \cdot s_E}{\nabla_{ges}}$

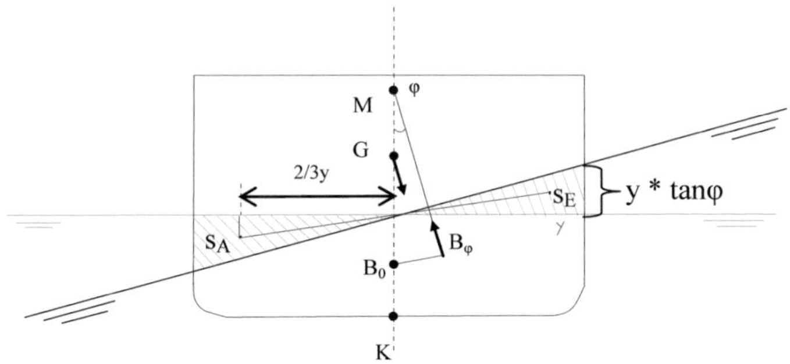

5. Schritt

   Das Trägheitsmoment der WL-Fläche wird als Rechengröße eingeführt. Für die rechteckige WL-Fläche der Länge = dx und der Breite = 2y gilt

$$I_T = \frac{dx \cdot (2y)^3}{12} = \frac{2}{3} dx \cdot y^3$$

6. Schritt (Zusammenfassung)

$$B_0B_\varphi \overset{(4)}{=} \frac{\nabla_E \cdot 2 \cdot s_E}{\nabla_{ges}} \overset{(3)}{=} \frac{y^2 \cdot \tan\varphi \cdot dx \cdot \frac{2}{3} y}{\nabla_{ges}} \overset{(5)}{=} \frac{I_T \cdot \tan\varphi}{\nabla_{ges}}$$

$$BM \overset{(2)}{=} \frac{B_0B\varphi}{\sin\varphi} = \frac{I_T}{\nabla} \cdot \frac{\tan\varphi}{\sin\varphi} = \frac{I_T}{\nabla}$$

$$\boxed{KM = KB + \frac{I_T}{\nabla}}$$

<u>Schlussüberlegung:</u>

Man kann sich vorstellen, dass das verformte Schiff in einzelne Spantscheiben der Länge dx zerlegt werden kann, die jeweils einen konstanten Querschnitt haben.
Jede Spantscheibe trägt zur Verdrängung und zum WL-Flächenträgheitsmoment mit einem Anteil [$d\nabla$, dI_T] bei. Für das gesamte Schiff gilt dann:

$$BM = \frac{\int_0^L dI_T}{\int_0^L d\nabla} = \frac{I_T}{\nabla}$$

1.11. Berechnung des Längenmetazentrums und des Trimms

Unter dem Begriff „Trimm“ versteht man die Drehung des Schiffes um die y-Achse, so dass sich vorn und hinten verschiedene Tiefgänge ergeben.

a) Geometrie

$\Delta T = T_{HL} - T_{VL}$ heißt Trimm (hecklastig positiv)

$\tan \Psi = \Delta T / Lpp$ Ψ heißt Trimmwinkel (hecklastig positiv) und liegt deutlich unter 5° (Beispiel: Lpp = 150m → ΔT = 13m bei 5° Trimm)

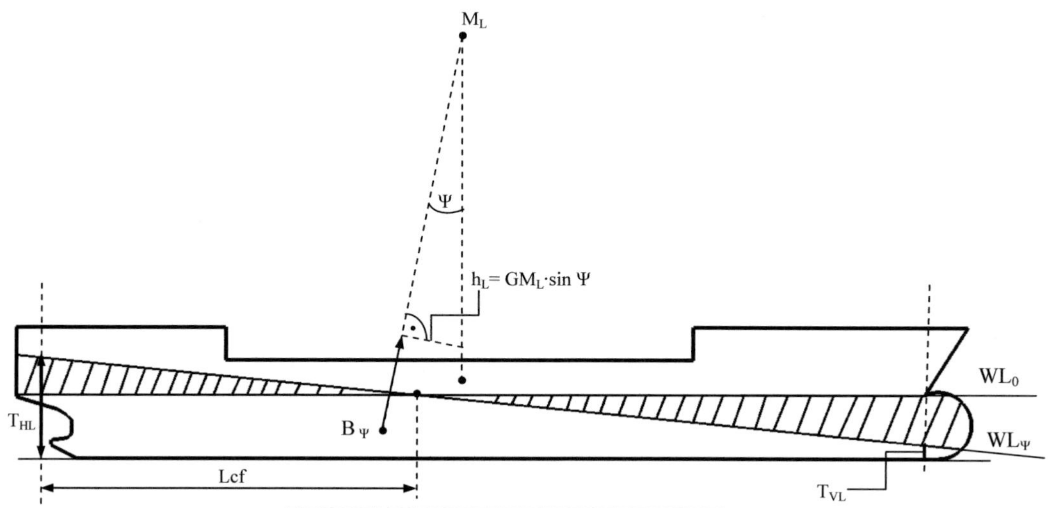

$$T(x)=T_m + (lcf - x) \cdot \tan \Psi$$

Diese Gleichung ist so angelegt, dass das Schiff um den WL-Schwerpunkt dreht

Probe: $x = lcf \rightarrow T_{Lcf} = T$

$x = 0 \rightarrow T_{HL} = T + lcf \cdot \tan \Psi$

$x = Lpp \rightarrow T_{VL} = T + (lcf - Lpp) \cdot \tan \Psi$

b) Berechnung der Tiefgänge am vorderen und hinteren Lot in 6 Schritten:

- Geometrie (s.o.) $T(x) = T_m + (lcf\text{-}x) \cdot \tan \Psi$ mit $\tan \Psi = \Delta T / Lpp$
- Momentenbilanz $\Sigma M_L = M_{Tr} - M_{aufr} = 0$
- Das Trimmmoment ergibt sich aus der unterschiedlichen Längslage von Gewichts- und Auftriebsschwerpunkt $M_{Tr} = Depl\ (lcb - lcg) \cdot \cos \Psi$
- Das aufrichtende Moment ergibt sich aus den ein- und austauchenden Keilstücken: $M_{aufr} = \rho \cdot \nabla \cdot h_L = \rho \cdot \nabla \cdot GM_L \cdot \sin \Psi$

- Näherung: Die Rechengröße MCT = $(\rho \cdot I_L)$ / Lpp (Einheitstrimmmoment) wird eingeführt. MCT [tm/m]wird im Formkurvenblatt dargestellt. Es ist das Moment, das erforderlich ist, um einen Meter Trimm zu erzeugen.

$$\sin \Psi \approx \tan \Psi = \Delta T / Lpp$$

$$GM_L = BM_L - \underbrace{BG}_{\approx 0} \qquad \sim I_L / \nabla$$

$$\boxed{MCT = (\rho \cdot I_L) / Lpp}$$

$$\Rightarrow M_{auf} = \rho \cdot \nabla \cdot GM_L \cdot \sin\Psi = \rho \cdot I_L \cdot \sin\Psi = \rho \cdot I_L \cdot \Delta T / Lpp$$

$$= MCT \cdot \Delta T = MCT \cdot L_{PP} \cdot \sin \Psi$$

- Zusammensetzung

  Momentenbilanz

$$M_{Tr} = Depl \cdot (lcb - lcg) \cdot \cos \Psi$$

$$M_{aufr} = MCT \cdot Lpp \cdot \sin \Psi$$

$$\Rightarrow \boxed{\tan\psi = \frac{Depl \cdot (lcb - lcg)}{MCT \cdot Lpp}}$$

Tiefgänge an den Loten

Durch Einsetzen von tan Ψ in die Geradengleichung erhält man für die Tiefgänge am vorderen bzw. hinterem Lot:

$$T(x) = T_m + \frac{(lcf - x) \cdot Depl \cdot (lcb - lcg)}{MCT \cdot Lpp}$$

dabei ist $t_{a,f} = \frac{(lcf - x) \cdot Depl}{MCT \cdot Lpp}$ der Trimmfaktor

Trimmfaktoren

$$T_{HL,VL} = T + t_{a,f} \cdot (lcb\text{-}lcg)$$

HL: $x = 0 \rightarrow$ $\quad t_a = \frac{lcf \cdot Depl}{MCT \cdot Lpp}$

VL: $x = Lpp \rightarrow$ $\quad t_f = \frac{(lcf - Lpp) \cdot Depl}{MCT \cdot Lpp}$

2. Numerische Integration

2.1. Berechnung einer Fläche als bestimmtes Integral

In diesem Abschnitt werden Methoden erläutert, um den Flächeninhalt unter einer freien Kurve zu berechnen. Dabei wird die Kurve durch eine Menge von (x/y)-Koordinaten vorgegeben, die man z.B. aus dem Linienriss heraus messen kann.

Wofür werden die Flächeninhalte benötigt?

a) Die Wasserlinienfläche lässt sich z.B. berechnen, indem man sie in beliebig viele Abschnitte der Länge „dx" unterteilt. Jeder Abschnitt trägt mit einem Anteil $dA = y \cdot dx$ zur Gesamtfläche bei:

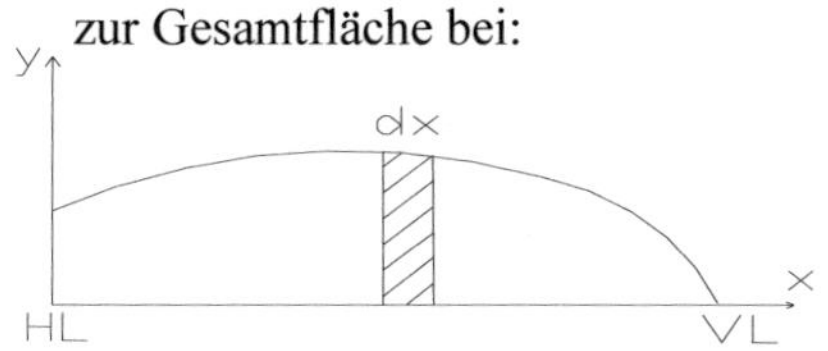

$$A_{WL} = 2 \cdot \sum_0^L dA_{WL} = 2 \cdot \int_0^L y\,dx$$

Die Fläche ist das Integral in den Grenzen von 0 bis L unter der Funktion y = f(x).

b) Ferner lässt sich die Spantfläche berechnen:

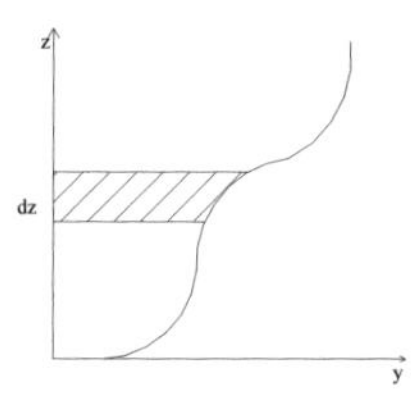

$$A_{Spt} = 2 \cdot \sum_0^T dA_{Spt} = 2 \cdot \int_0^T y\,dz$$

c) Auch die Berechnung des Volumens lässt sich auf ein Flächenproblem reduzieren, indem man die Fläche unterhalb der Spantarealkurve berechnet. Jede „Spantscheibe" der Dicke „dx" liefert ihren Beitrag zum Gesamtvolumen:

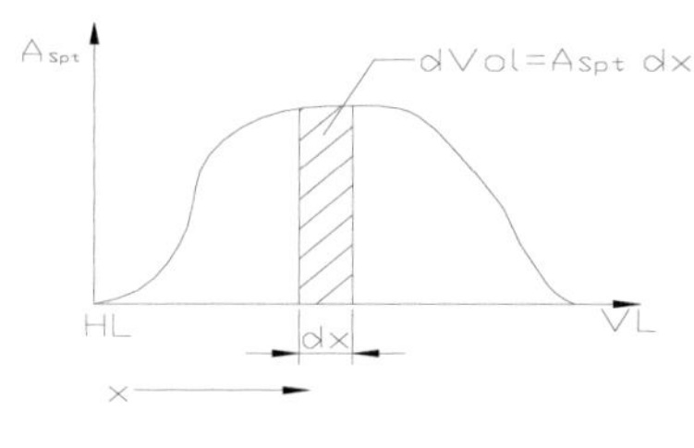

$$Vol = \sum_0^L dVol = \int_0^L A_{spt}\,dx$$

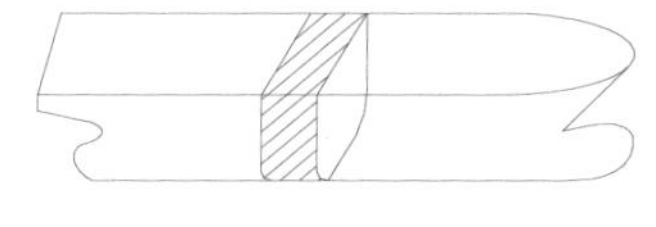

Dieses Prinzip wird später auch auf Momente, Schwerpunkte und Trägheitsmomente angewendet.

2.2. Die Trapezregel (Kurve 1. Grades)

Das einfachste Verfahren zur Flächenbestimmung ist die Anwendung der Trapezregel.
Die Aufmaßstellen müssen equidistant sein, d.h. gleichen x-Abstand haben.
Jedes Flächenteilstück „dA“ wird durch ein Trapez angenähert.

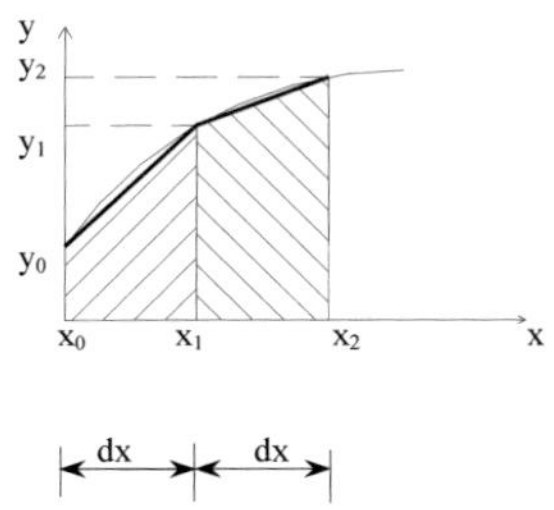

$$dA_1 = dx \cdot \left(\frac{y_0 + y_1}{2} \right)$$

$$dA_2 = dx \cdot \left(\frac{y_1 + y_2}{2} \right)$$

$$dA_n = dx \cdot \left(\frac{y_{(n-1)} + y_n}{2} \right)$$

$$\Longrightarrow \qquad A = \sum_1^n dA = dx \cdot \left(\frac{y_0}{2} + y_1 + ... + y_{n-1} + \frac{y_n}{2} \right)$$

2.3. Die 1. Simpsonregel [Kurve 2. Grades]

(nach T. Simpson, 1710 – 1761)
Simpson kannte die Trapezregel und ging davon aus, daß die Genauigkeit gesteigert wird, wenn die Fläche eines Doppelstreifens durch eine Parabel 2. Grades bestimmt wird.

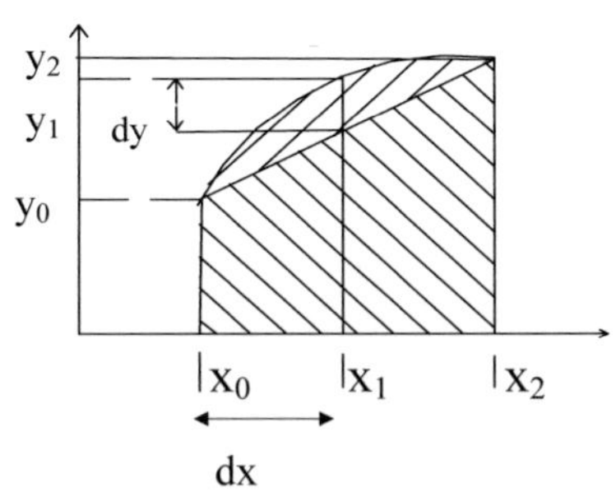

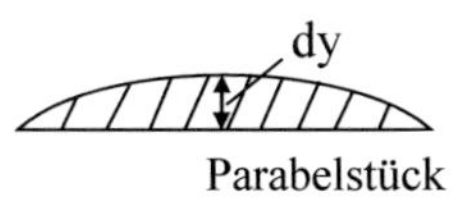

$$A = 2 \cdot dx \cdot dy \cdot 2/3$$

Die Fläche unter der Parabel setzt sich aus 2 Stücken zusammen:

a) Trapez: $dA_{Trapez} = 2 \cdot dx \left(\frac{y_2 + y_0}{2} \right)$

b) Parabel (bleibt flächengleich, wenn die Basis parallel zur x-Achse gedreht wird).

$$dA_{Parabel} = \frac{2}{3} \cdot 2 \cdot dx \cdot dy \qquad \text{mit} \qquad dy = y_1 - \frac{y_2 + y_0}{2}$$

c) Doppelstreifen-Fläche:

$$dA = dA_{Trapez} + dA_{Parabel} = dx \cdot \left[y_2 + y_0 + \frac{4}{3} \cdot \left(y_1 - \frac{y_2}{2} - \frac{y_0}{2} \right) \right] = \frac{dx}{3} \cdot (y_0 + 4 \cdot y_1 + y_2)$$

Die Faktoren vor den y-Werten werden Simpson-Faktoren genannt.
Daher gilt für einen Doppelstreifen (also 2 Teilflächen gleicher Breite):

$$A = \frac{dx}{3} \cdot \sum_0^2 y \cdot SF \quad \text{mit } SF = \{1,4,1\}$$

Für 2 Doppelstreifen (4 Teilflächen) gilt analog:

$$A = \frac{dx}{3} \cdot \sum_0^4 y \cdot SF \quad \text{mit } SF = \{1,4,2,4,1)$$

Wenn die Gesamtfläche aus 'n' Teilflächen der Länge 'dx' besteht, gilt

$$\Longrightarrow A = \int_0^L dA = \frac{dx}{3} \cdot \sum_0^n y \cdot SF \quad \text{mit } SF = (1,4,2,4,2,4,.....,2,4,1)$$ <u>1. Simpsonregel</u>

n= Anzahl der Teilflächen (durch 2 teilbar)
y= örtliche Breite

Mit dieser Formel wird die Fläche unter einer Kurve berechnet, die aus 'n' Teilflächen besteht (n ist durch 2 teilbar). Diese Formel wird für fast alle Formberechnungen angewendet.

2.4. Die 2. Simpsonregel (Kurve 3. Grades)

Bei dieser Regel wird die Kurve als eine Parabel 3. Grades angesehen. Es gilt:

$$\Longrightarrow A = \int_0^L dA = \frac{3}{8} \cdot dx \cdot \sum_0^n y \cdot SF \quad \text{mit } SF = \{1,3,3,2,...,3,3,1\}$$ <u>2.Simpsonregel</u>

n = Anzahl der Teilflächen (durch 3 teilbar)

Bsp.: Fläche unter der Hebelarmkurve bis 30° {0-10°, 10-20°, 20-30° } = 3 Streifen à 10°

2.5. Die 3. Simpsonregel (Teil einer Kurve 2. Grades)

Mit dieser Regel kann die linke oder rechte Teilfläche eines Doppelstreifens berechnet werden. Die Kurve y(x) wird dabei als Parabel angenommen (wie bei der 1. Simpsonregel).
Es gilt (ohne Herleitung):

$$dA_{0,1} = \frac{dx}{12} \cdot \sum_0^2 y \cdot SF \quad \text{mit } SF = (5,8,-1)$$ <u>3. Simpsonregel</u>

$$dA_{1,2} = \frac{dx}{12} \cdot \sum_0^2 y \cdot SF \quad \text{mit } SF = (-1,8,5)$$

2.6. EDV-gerechte Einteilung in Simpson-Doppelstreifen

Die numerische Integration wird mit Hilfe von EDV-Anlagen durchgeführt. Dabei dürfen verschiedene Simpson-Doppelstreifen eine unterschiedlich Länge 'dx' haben, da jeder Doppelstreifen für sich gerechnet wird. Daher wird man im Bereich starker Krümmungen enge Doppelstreifen setzen, während im parallelen Mittelschiff ein großzügiger Abstand genügt. Am Beispiel einer Spantkontur y = f(z) wird auf 3 typische Fehlerquellen hingewiesen:

1) Innerhalb eines Doppelstreifens ändert sich die Krümmung in extremem Maße.
Beispiel: Übergang Boden → Seite
Gegenmittel: Punkte enger setzten!

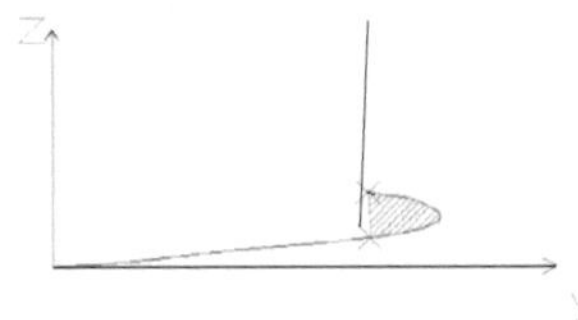

2) Innerhalb eines Doppelstreifens liegt ein Knick
Beispiel: Knickspanten
Gegenmittel: Doppelstreifen im Knick enden lassen!

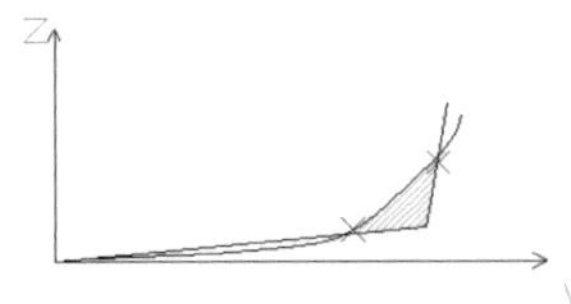

3) Innerhalb eines Doppelstreifens liegt eine Unstetigkeit (dz=0)
Beispiel: Übergang Deck→ Luke
Gegenmittel: 'fiktiven' Doppelstreifen der Höhe dz = 1mm ergänzen! (als Deck). Die z-Werte müssen immer aufsteigend sein.
Anderes Beispiel: Poop-Frontschott → mm-Spanten einfügen

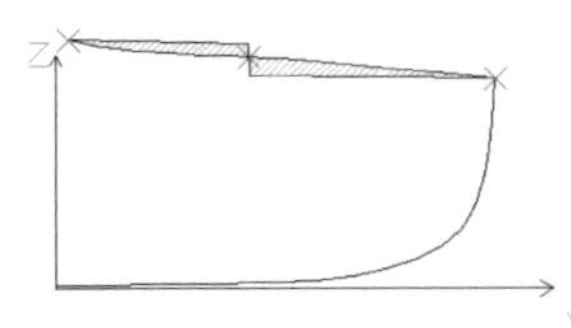

2.7. Zwischenspanten an den Schiffsenden (Gewichtungsfaktoren)

Die meisten Wasserlinien enden nicht auf den Loten sondern davor oder dahinter. Daher erhalten der 1. und letzte Doppelstreifen einen veränderten Spantabstand dx_v, dx_h.

$$A_{WL} = 2 \cdot \int_0^L y dx = 2 \cdot \left(\frac{dx_h}{3}(y_{-2*} + 4y_{-1*} + y_0) + \frac{dx}{3}(y_0 + 4y_1 + \ldots 4y_{19} + y_{20}) + \frac{dx_v}{3}(y_{20} + 4y_{21*} + y_{22*}) \right) =$$

$$\frac{2 \cdot dx}{3}\left(\kappa_h \cdot y_{-2*} + 4\kappa_h y_{-1*} + (\kappa_h + 1) \cdot y_0 \ldots + (\kappa_v + 1) \cdot y_{20} + 4\kappa_v y_{21*} + \kappa_v \cdot y_{22*}\right)$$

dx = normaler Spantabstand (Lpp/20), dx_h, dx_v = halber Überhang
mit $\kappa_h = dx_h / dx$ $\kappa_v = dx_v / dx$

a) Beispiel längere Wasserlinie

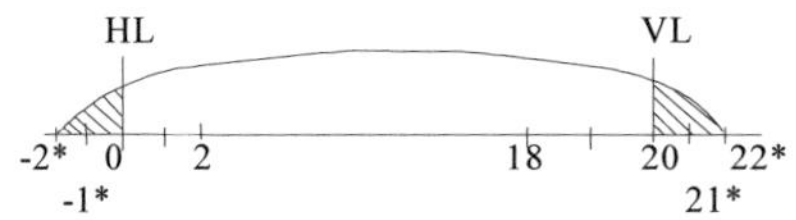

Spt	x-Position	SF	
-2*	$-2dx_h$	κ_h	$\kappa_h = dx_h / dx$
-1*	$-dx_h$	$4\kappa_h$	
0	0	$1+\kappa_h$	
....	...	...	
20	Lpp	$1+\kappa_v$	
21*	$Lpp+dx_v$	$4\kappa_v$	$\kappa_v = dx_v / dx$
22*	$Lpp+2dx_v$	κ_v	

b) Beispiel kürzere Wasserlinie

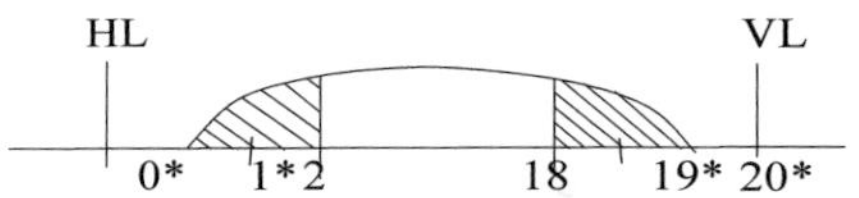

Spt	x-Position	SF	
0*	$2dx-2dx_h$	κ_h	$\kappa_h = dx_h / dx$
1*	$2dx-dx_h$	$4\kappa_h$	
2	2dx	$1+\kappa_h$	
....	...	...	
18	Lpp-2dx	$1+\kappa_v$	
19*	$Lpp-2dx+dx_v$	$4\kappa_v$	$\kappa_v = dx_v / dx$
20*	$Lpp-2dx+2dx_v$	κ_v	

=> geänderte Abstände führen zu gewichteten Simpson-Faktoren.

2.8. Mechanische Integration

Das Polar-Planimeter

Das Polar-Planimeter wurde 1854 von dem Schweizer "Amster Laffon" erfunden. Mit Hilfe des Planimeters kann man durch Umfahren einer Fläche deren Größe direkt bestimmen und auf einer Messrolle ablesen. Dabei werden 2 Bedingungen gestellt:

1. Der Stift muss der Flächenkontur im Uhrzeigersinn folgen und zum Startpunkt zurückkehren.
2. Der Pol muss außerhalb der Fläche liegen.

Bestandteile des Planimeters sind:

- der Polararm (Nadel)
- der Fahrarm (bestehend aus "Messrollenlänge a" und "Fahrarmlänge l") mit Stift
- die Messrolle (mit Nonius)

Ermittlung einer Fläche mit Hilfe des Planimeters

Beispiel Spantkurve $A_{Spt} = \int_0^T y\,dz$

u = Maßstabsfaktor in y-Richtung (z.B. u = $10m/cm$)
v = Maßstabsfaktor in z-Richtung (z.B. v = $5m/cm$)

f = Eichfaktor des Planimeters (z.B. f = $\frac{101 \; Einheiten}{10cm \cdot 10cm} = \frac{1{,}01}{cm^2}$)

n = Anzahl der Umfahrungen

$$\Rightarrow A_{Spt} = 2 \cdot \int_0^T y\,dz = \frac{2 \cdot u \cdot v \cdot Planimeterablesung}{f \cdot n}$$

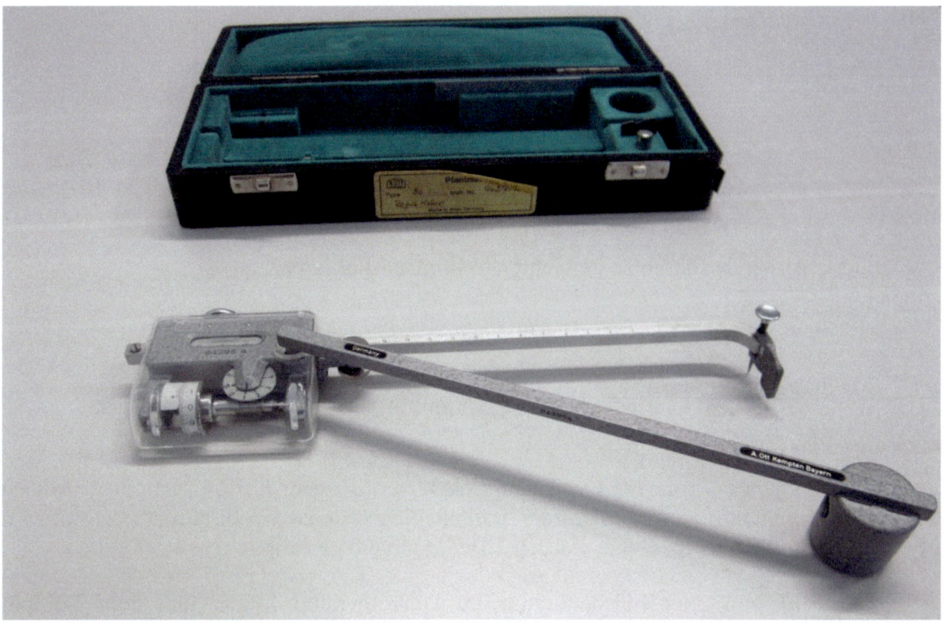

3. Berechnung von Kurvenblättern

3.1. Darstellungsarten

In den Kurvenblättern werden grundsätzlich bestimmte Eigenschaften des Schiffes in Abhängigkeit vom Tiefgang aufgetragen. Beim Tiefgang ist zu beachten, ob er sich auf die Basis (OKK) oder auf die Außenhaut (UKK) bezieht.

a) tabellarische Form
Jede Eigenschaft (z.B. Depl., Schwerpunkt) erhält eine eigene Spalte (Bild)
Für jeden Tiefgang wird eine neue Zeile zugeordnet, wobei der Abstand meist
dT = 1cm beträgt. Zwischenwerte sind zu interpolieren.

b) graphische Form
Auf der senkrechten Achse (Ordinate) wird der Tiefgang (OKK) aufgetragen. Auf der horizontalen Achse (Abszisse) werden die Eigenschaften aufgetragen, wobei jede Eigenschaft eine eigene Achse zur Skalierung erhält.
Wenn die Linien zu dicht zusammenrücken, wird der Nullpunkt auf der Horizontalachse verschoben (z.B. ∇>20000 bei Spantflächen, Spantmomenten).

3.2. Die Bonjean-Tabellen (Spantflächen und Momente)

In den Bonjean – Tabellen werden die Spantflächen und Spantmomente in Abhängigkeit vom Tiefgang dargestellt. Während heute meist die Tabellenform verwendet wird, ist bei älteren Schiffen für Spantflächen und Momente meist eine graphische Darstellung zu finden:

a) Palmbaum – Grafik
Alle Spantflächen und Momente werden am Hauptspant abgesetzt, Hinterschiff nach links und Vorschiff nach rechts ($\Rightarrow$ 1 Palmbaum für alle Flächen und Momente)

b) Grafik an jedem Spant zwischen VL und HL
z.B. Momente nach links und Flächen nach rechts. Bei gegebenen Tiefgängen am VL und HL können mit Hilfe einer Verbindungslinie die Tiefgänge und Spantflächen an jedem Spant abgelesen werden.

c) Für jeden Spant wird eine eigene Bonjean – Tabelle erstellt. Die Bonjean – Tabellen werden benötigt für die Berechnung von Tankvolumen und Schwerpunkten. Ferner ist es möglich, die Schwimmlage eines durchgebogenen oder vertrimmten Schiffes mit Hilfe der Bonjean-Tabellen genau zu berechnen (z.B. bei KV unter Berücksichtigung von Trimm und Durchbiegung). Dabei werden folgende Formeln angewendet:

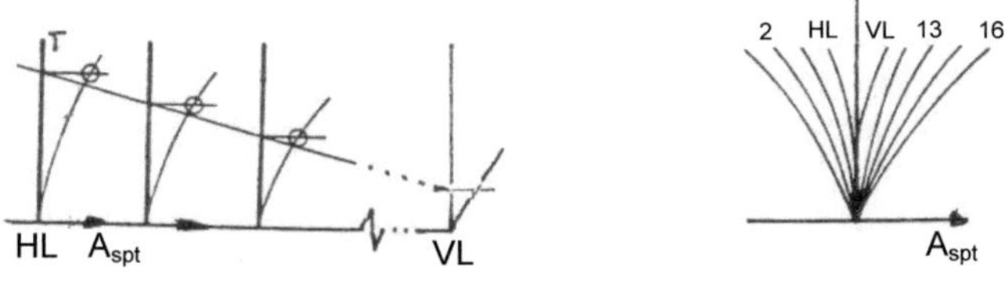

Bild 1: Auftragung von Spantflächen und Momenten
a) an jedem Spant b) als Palmbaum

- Spantfläche:

Die Spantfläche erhält man durch Summierung der einzelnen Flächenelemente $dA_{Spt}=y \cdot dz$

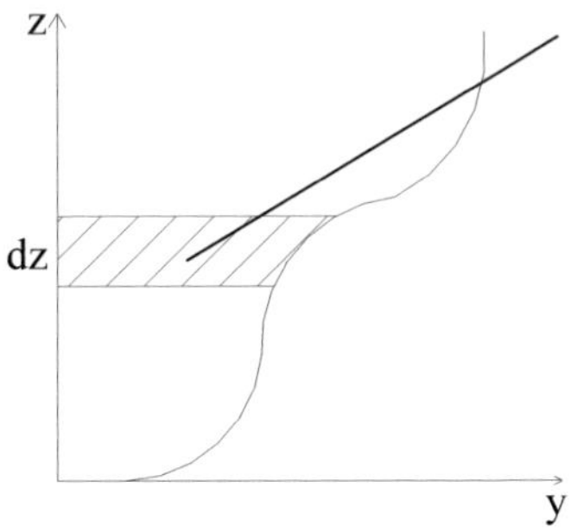

$$A_{Spt}=2\int_0^T dA_{Spt}=2\int_0^T y dz=\frac{2}{3}dz\sum SF\cdot y$$

- Höhen – Moment

Jede Teilfläche dA_{Spt} trägt mit seinem Hebel „z" zum Höhenmoment der Spantfläche bei.

$$M_{V\ Spt}=2\int_0^T z dA_{Spt}=2\int_o^T zy\,dz=\frac{2}{3}dz\sum z\cdot SF\cdot y$$

Die Formeln gelten für ganze Spantflächen und Momente, wobei „y" jeweils die „halbe örtliche Breite" ist.

3.3. Das Formkurvenblatt

Das Formkurvenblatt liefert alle Werte, die für die Berechnung der Schwimmlage von Bedeutung sind.

Notwendige Größen sind:

➢	Deplacement	Depl.
➢	Schwerpunkt der Verdrängung	KB = vcb, lcb,tcb
➢	Lage des Metazentrums	KM
➢	Einheitstrimmmoment, WL-⊙	MCT, lcf

Zusätzlich werden oft folgende Größen gegeben:

➢	Volumen auf Spanten	Vol_{Spt}
➢	Trimmfaktoren	tf, ta
➢	Deplacement im Süßwasser	$Depl._{Süßw.}$
➢	TPC	$=\frac{A_{WL}\cdot\rho}{100cm/m}$
➢	Wasserlinienfläche	A_{WL}
➢	Trägheitsmoment der WL und Trägheitsradien	I_L, I_T, BM
➢	Verhältniswerte	c_B, c_{wp}, c_M, c_P

Die Berechnung erfolgt üblicherweise über EDV – Anlagen oder Formblätter.

Musterschiff			Lpp = 120,00			B = 20,35			T_{max}=	6,20
T_{OKK} [m]	Depl. Sea [t]	KB [m]	KM [m]	Lcb [m]	Lcf [m]	MCT tm/m	TPC [t/cm]	C_B [-]	C_{WL} [-]	C_M [-]
5,90	9586	3,08	8,09	60,76	58,60	11225	18,15	0,646	0,73	0,99
6,00	9768	3,13	8,07	60,71	58,41	11385	18,24	0,647	0,73	0,99
6,10	9950	3,18	8,06	60,67	58,21	11543	18,32	0,648	0,73	0,99
6,20	10134	3,24	8,05	60,63	58,02	11702	18,41	0,650	0,74	0,99
6,30	10318	3,29	8,04	60,58	57,83	11860	18,50	0,651	0,74	0,99

Im Folgenden werden die Formeln zur Berechnung der o.g. Formwerte erläutert:

- WL – Fläche

  Die WL-Fläche erhält man durch Summierung der Einzel-Flächenelemente dA=y·dx

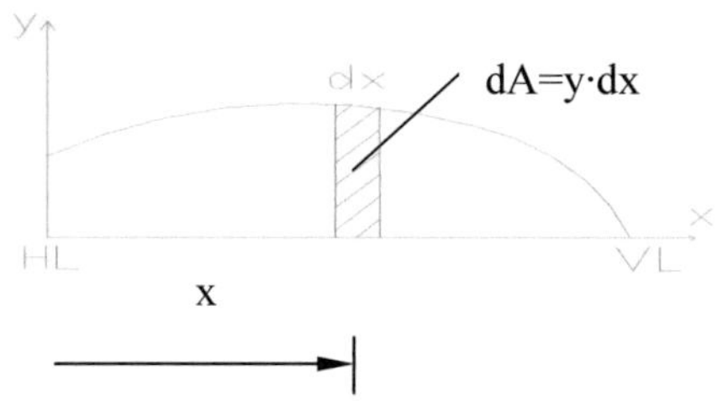

$$A_{WL}=2\int_0^L dA=2\int_0^L y\,dx=\frac{2}{3}dx\sum y\cdot SF$$

- WL – Längenmoment

  Jedes Flächenelement „dA“ trägt mit seinem Hebelarm „x“ zum Längenmoment der WL– Fläche bei.

$$M_{L\ WL}=2\int_0^L x\,dA=2\int_0^L xy\,dx=\frac{2}{3}dx\sum x\cdot y\cdot SF$$

- Längen – Trägheitsmoment der WL

  Das Trägheitsmoment (allgemein) ist definiert als Summe der Flächenelemente, multipliziert mit dem Quadrat ihres Abstandes zur Bezugsachse:

$$I_{L\ HL}=2\int_0^L x^2 dA=2\int_0^L x^2 y\,dx=\frac{2}{3}dx\sum x^2\cdot y\cdot SF$$

  Wenn die Werte „x“ sich auf das hintere Lot HL beziehen, muss zur Bestimmung des Eigenträgheitsmoment der „Steinersche Anteil“ abgezogen werden:

$$I_{L\ Eigen}=I_{L\ HL}-A_{WL}\cdot Lcf^2$$

- Breiten – Trägheitsmoment der WL

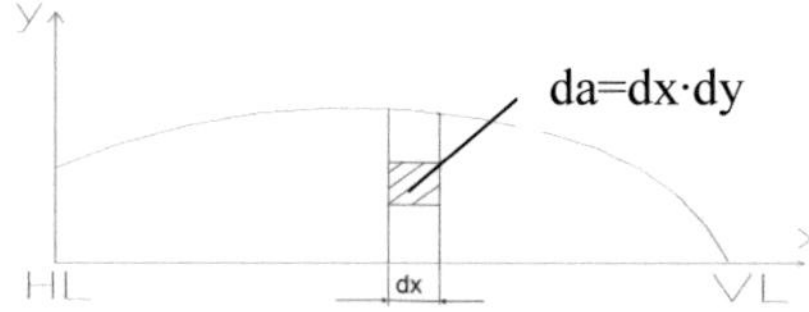

Da das Flächenmoment „dA“ einen veränderlichen Schwerpunkts-Abstand zur Bezugsachse hat, wird zunächst nur ein Mini – Element da=dx·dy betrachtet.

$di_T = y^2 da = y^2 dx dy$

Für einen Halbstreifen „dA“ der Länge „dx“ und der Breite {0,..., y} gilt:

$$dI_T = \int_0^y di_T = \int_0^y y^2 dy dx = \frac{1}{3} y^3 dx$$ (explizit lösbar, da „dx“ unabhängig von y)

Für die gesamte WL – Fläche gilt: $I_T = 2\int_0^L dI_T = \frac{2}{3}\int_0^L y^3 dx = \frac{2}{9} dx \sum y^3 \cdot SF$

- Volumen des Schiffsrumpfes (vgl. 1.2)

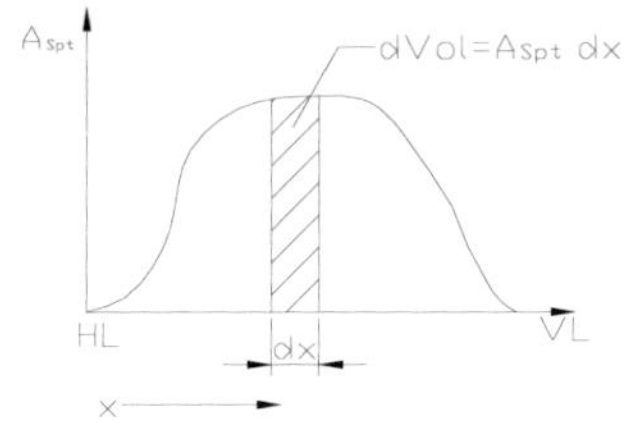

Das Volumen erhält man durch Summierung der einzelnen „Spantflächen“ $dVol = A_{Spt} \cdot dx$

$$Vol = \int_0^L dVol = \int_0^L A_{Spt}\, dx = \frac{dx}{3} \sum A_{Spt} \cdot SF$$

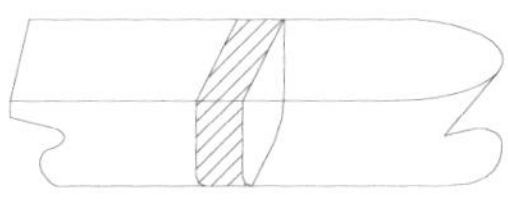

- Längenmoment des Volumens

Jede Spantscheibe trägt mit ihrem Hebel „x“ zum Längenmoment des Volumens bei:

$$M_{L\ Vol} = \int_0^L x\, dVol = \int_0^L x A_{Spt}\, dx = \frac{dx}{3} \sum x \cdot A_{Spt} \cdot SF$$

- Höhenmoment des Volumens

Jede Spantscheibe „dVol“ trägt mit ihrem Hebel „z“ zum Höhenmoment bei. Der Hebel „z“ ist der Abstand zwischen dem ⦿ der Spantscheibe und der Basislinie.

Für eine dünne Spantscheibe (dx→0) ist der Volumenschwerpunkt gleich dem Flächenschwerpunkt.

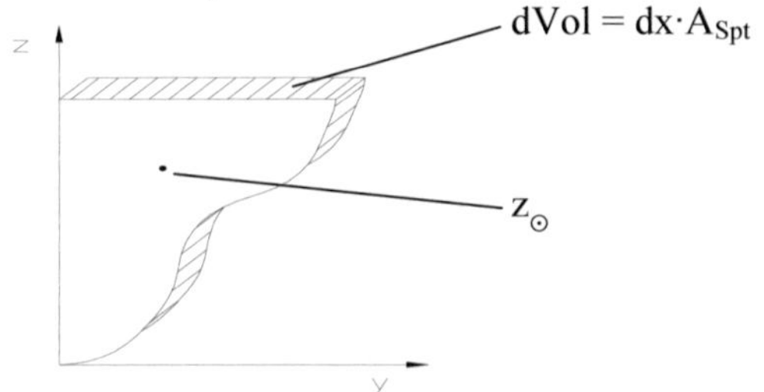

$$dM_{V\,Vol} = dVol \cdot z_{\odot} = dx \cdot A_{Spt} \cdot z_{\odot} = dx \cdot A_{Spt} \cdot \frac{M_{V\,Spt}}{A_{Spt}} = dx \cdot M_{V\,Spt}$$

$$M_{V\,Vol} = \int_0^L dM_{V\,Vol} = \int_0^L M_{V\,Spt} \cdot dx = \frac{dx}{3} \sum M_{V\,Spt} \cdot SF$$

- <u>Deplacement</u>

  $Depl = Vol_{Spt} \cdot AF \cdot \rho_{Seewasser}$

  mit $\rho_{Seewasser} = 1{,}025\ t/m^3$ (Atlantik)

  $\rho_{Seewasser} = 1{,}014\ t/m^3$ (westl. Ostsee)

  $AF \approx 1{,}005$ (Außenhautfaktor)

- <u>Längenschwerpunkt der WL –Fläche</u>

  $$Lcf = \frac{M_{L\,WL}}{A_{WL}}$$

- <u>Längenschwerpunkt der Verdrängung</u>

  $$Lcb = \frac{M_{L\,Vol}}{Vol}$$

- <u>Höhenschwerpunkt der Verdrängung</u>

  $$KB = \frac{M_{V\,Vol}}{Vol}$$

- <u>„Metazentrischer Radius“</u>

  $$BM = \frac{I_T}{Vol}$$

- <u>Lage des Metazentrums</u>

  $KM = KB + BM$

- <u>Einheitstrimmmoment „MCT“</u>

  $$MCT = \frac{\rho_{See} \cdot I_L}{Lpp} \quad \textit{oder mit Hilfe des FKB's} \quad MCT = \frac{(KM_L - KB) \cdot Depl}{Lpp}$$

  mit $I_L = I_{L\,HL} - A_{WL} \cdot Lcf^2$

- <u>Trimmfaktoren</u>

  $$t_a = Lcf \cdot \frac{Depl}{Lpp \cdot MCT}$$ (positiv)

  $$t_f = (Lcf - Lpp) \cdot \frac{Depl}{Lpp \cdot MCT}$$ (negativ)

- Völligkeitsgrade

Blockkoeffizient $c_B = \frac{Vol}{Lpp \cdot B \cdot T}$

Wasserlinienvölligkeit $c_{WP} = \frac{A_{WL}}{Lpp \cdot B}$

Hauptspantvölligkeit $c_M = \frac{A_{Hauptspant}}{B \cdot T}$

Schärfegrad $c_P = \frac{c_B}{c_M}$

- TPC = ($\rho \cdot A_{WL}$) / (100 cm/m)

4. Affine Verzerrung des Linienrisses

4.1. Affine Verzerrung und geometrische Ähnlichkeit

a. Schiffsform

Die Form eines Schiffes wird durch Stützstellen berechnet, wobei jeder Aufmaßpunkt "n" durch einen Vektor $P_n=\{x_n, y_n, z_n\}$ festgelegt ist. Dabei sind

- Spanten = Aufmaß-Tabellen mit x = const
- Wasserlinien = " " mit z = const
- Längsschnitte = " " mit y = const

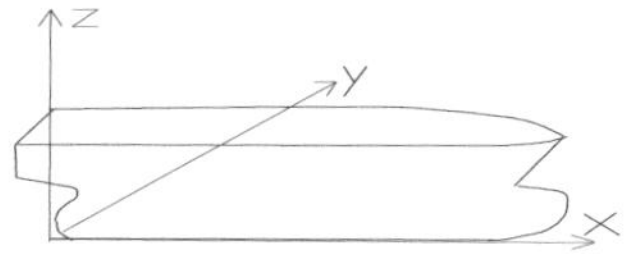

b. Affine Verzerrung

Affin verzerrte Körper gehen durch lineare Projektion auseinander hervor, wobei der Maßstab in x-, y- und z-Richtung verschieden sein darf. "Affinis" kommt aus dem Lateinischen und bedeutet "angrenzend, verwandt".
Mit Hilfe der affinen Verzerrung kann ein neuer Projekt-Linienriss aus einem Vergleichsschiff erzeugt werden.
Die Werte des Vergleichsschiffes werden mit * gekennzeichnet $P^*_n = \{x_n^*, y_n^*, z_n^*\}$
Die Werte des Projektes ergeben sich durch affine Verzerrung $P_n = \{\lambda, \beta, \tau\} \cdot \{x_n^*, y_n^*, z_n^*\}$

Die Maßstabsfaktoren ergeben sich aus den Hauptabmessungen

$\lambda = L/L^*$	$\beta = B/B^*$	$\tau = T/T^*$

Bei affin verzerrten Schiffen bleiben folgende Eigenschaften unverändert:

- Völligkeitsgrade cb , cwp, cm , cp
- relative Schwerpunktslagen lcb/Lpp , KB/T

Dies gilt nur für die jeweils zueinander passenden Tiefgänge T und T* (bei gleichem cb).

c. Geometrische Ähnlichkeit

Geometrisch ähnliche Körper stellen einen Spezialfall der affinen Verzerrung dar, bei denen $\lambda = \beta = \tau$ ist. Da der Maßstabsfaktor in alle Richtungen gleich ist, bleibt die Form ebenfalls gleich, die Schiffe verhalten sich wie Modell und Großausführung.
Bei geometrisch ähnlichen Körpern bleiben folgende Eigenschaften unverändert:

- Völligkeitsgrade cb , cwp, cm , cp
- relative Schwerpunktslagen lcb/Lpp , KB/T
- dimensionslose Verhältniswerte L/B, B/T, ∇/L^3, KM/T
- Winkel in allen Ebenen (Spanten, Wasserlinien, Schnitte, Senten)

4.2. Anwendung im Schiffsentwurf

Im frühen Vorentwurf werden die Hauptabmessungen und der Blockkoeffizient eines Schiffes festgelegt. Wenn ein Vergleichsschiff mit ähnlichen Hauptabmessungen zur Verfügung steht, können dessen Kurvenblattwerte affin verzerrt werden. Dadurch können Raumgrößen und Stabilität ohne Anfertigung eines neuen Linienrisses ermittelt werden.

Zur Ermittlung der Maßstabsfaktoren muß zunächst der Tiefgang T* des Vergleichsschiffes gesucht werden. Dabei darf der Blockkoeffizient nicht verändert werden. (cb = cb*).
Also sucht man im Kurvenblatt des Vergleichsschiffes denjenigen Tiefgang T* heraus, bei dem der Blockkoeffizient cb* genau den vorgegebenen Wert hat.
Nun werden alle Maßstabsfaktoren bestimmet: $\lambda = Lpp/Lpp^*$
$\beta = B/B^*$
$\tau = Tcwl/T^*$ (cb = cb*)

4.3. Umrechnung der Bonjean-Tabellen

Es wird verwiesen auf die zugehörigen Gleichungen des Kap. 3.
Die Koordinaten des Oberflächen-Punktes Pn = $\{x_n, y_n, z_n\}$ werden jeweils ersetzt durch
$x=\lambda \cdot x^*$ $y=\beta \cdot y^*$ $z = \tau \cdot z^*$.

Ferner gilt $$\int_0^T dz = T - 0 \equiv \tau \cdot T^* - 0 = \int_0^{T^*} \tau \cdot dz^*$$

und analog $$\int_0^L dx = \int_0^{L^*} \lambda \cdot dx^*$$

Für die Spantfläche gilt

$A_{Spt} = 2 \cdot \int y \cdot dz$	$= 2 \cdot \int (\beta \cdot y^*) \cdot (\tau \cdot dz^*)$	$= \beta \cdot \tau \cdot A_{Spt}^*$

und für das Spantmoment

$Mv_{Spt} = 2 \cdot \int z \cdot y \cdot dz$	$= 2 \cdot \int (\tau \cdot z^*) \cdot (\beta \cdot y^*) \cdot (\tau \cdot dz^*)$	$= \beta \cdot \tau^2 \cdot Mv_{Spt}^*$

4.4. Umrechnung des Formkurvenblattes

Für die Wasserlinienfläche gilt

$A_{WL} = 2 \cdot \int y \cdot dx$	$= 2 \cdot \int_0^L (\beta \cdot y^*) \cdot (\lambda \cdot dx^*)$	$= \beta \cdot \lambda \cdot A_{WL}$

und für das Wasserlinien-Längenmoment

$M_{LWL} = 2 \cdot \int x \cdot y \cdot dx$	$= 2 \cdot \int (\lambda \cdot x^*) \cdot (\beta \cdot y^*) \cdot (\lambda \cdot dx^*)$	$= \beta \cdot \lambda^2 \cdot M_{L\,WL}^*$

Für das Längen-Trägheitsmoment der Wasserlinie gilt

$I_L = 2 \cdot \int x^2 \cdot y \cdot dx$	$= 2 \cdot \int (\lambda^2 \cdot x^{*2}) \cdot (\beta \cdot y^*) \cdot (\lambda \cdot dx^*)$	$= \beta \cdot \lambda^3 \cdot I_L^*$

Für das Breiten-Trägheitsmoment der Wasserlinie gilt

$I_T = 2/3 \cdot \int y^3 \cdot dx$	$= 2/3 \cdot \int (\beta^3 \cdot y^{*3}) \cdot (\lambda \cdot dx^*)$	$= \beta^3 \cdot \lambda \cdot I_T^*$

Für das Volumen gilt

$Vol. = \int A_{spt} \cdot dx$	$= \int (\beta \cdot \tau \cdot A_{Spt}^*) \cdot (\lambda \cdot dx^*)$	$= \beta \cdot \tau \cdot \lambda \cdot Vol^*$

Für das Längenmoment des Volumens gilt

$M_{LVol.} = \int x \cdot A_{Spt} \cdot dx = \int(\lambda \cdot x^*) \cdot (\beta \cdot \tau \cdot A_{Spt}{}^*) \cdot (\lambda \cdot dx^*)$	$= \beta \cdot \tau \cdot \lambda^2 \cdot M_{L\,Vol}{}^*$

Für das Höhenmoment des Volumens gilt

$M_{VVol.} = \int Mv_{Spt} \cdot dx = \int(\beta \cdot \tau^2 \cdot Mv_{Spt}{}^*) \cdot (\lambda \cdot dx^*)$	$= \beta \cdot \tau^2 \cdot \lambda \cdot M_{V\,Vol}{}^*$

und für die anderen Gleichungen

Depl.	$= Vol \cdot AF \cdot \rho_{See}$	$= \lambda \cdot \beta \cdot \tau \cdot Depl.^*$
lcf	$= M_{LWL} / A_{WL}$	$= \lambda \cdot lcf^*$
lcb	$= M_{LVol} / Vol$	$= \lambda \cdot lcb^*$
KB	$= M_{VVol} / Vol$	$= \tau \cdot KB^*$
BM	$= I_T / Vol$	$= (\beta^2/\tau) \cdot BM^*$
KM	$= KB + BM$	$= \tau \cdot KB^* + (\beta^2/\tau) \cdot BM^*$
MCT	$= \rho \cdot I_L / L_{PP}$	$= \lambda^2 \cdot \beta \cdot MCT^*$
t_a	$= lcf \cdot Depl. / (Lpp \cdot MCT)$	$= \tau / \lambda \cdot t_a{}^*$
t_f	$= (lcf - L_{PP}) \cdot Depl. / (Lpp \cdot MCT)$	$= \tau / \lambda \cdot t_f{}^*$
c_b	$= Vol / (L_{pp} \cdot B \cdot T)$	$= c_b{}^*$ q.e.d.
c_{wp}	$= A_{WL} / (L_{pp} \cdot B)$	$= c_{wp}{}^*$
c_m	$= A_{\otimes} / (B \cdot T)$	$= c_m{}^*$

4.5. Umrechnung von Winkeln

Winkel in der Wasserlinien-Ebene ($\alpha = \angle$ 'WL-Kontur...X-Achse')

Für den WL-Eintrittswinkel gilt

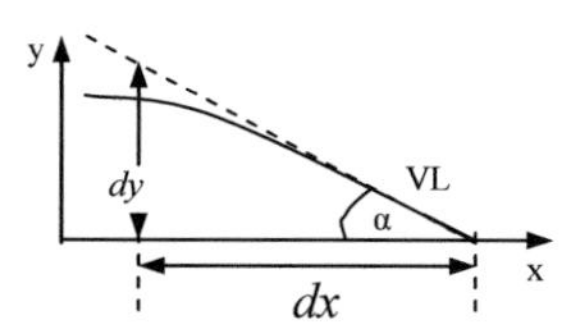

Winkel in der WL-Ebene

$\tan \alpha = dy / dx$	$= (\beta \cdot dy^*) / (\lambda \cdot dx^*) = (\beta/\lambda) \cdot (dy^* / dx^*) = (\beta/\lambda) \cdot \tan \alpha^*$

=> Der WL-Eintrittswinkel ist proportional zum (β/λ)-Verhältnis $\alpha \sim \beta/\lambda = \frac{L^*/B^*}{L/B}$

4.6. Kritik an der affinen Verzerrung

Ein affin verzerrter Schiffskörper liegt exakt fest. Formkurvenblatt und Bonjean-Tabellen lassen sich exakt umrechnen. Völligkeitsgrade und relative Schwerpunktlagen bleiben dabei unverändert.
Dennoch erhält man durch die affine Verzerrung eine Schiffsform, die hydrodynamisch möglicherweise unvernünftig ist.

- Zum einen wäre es Zufall, wenn die integrale Größe lcb und die Spantform (u bzw.v) für das neue Projekt ein hydrodynamisches Optimum darstellen würden.
- Zum anderen erhält man durch die affine Verzerrung lokale Problemstellen, die nachgearbeitet werden müssen, z.B.
  - der Hintersteven (veränderte Freischläge, Spiegeleintauchung)
  - der Kimmradius (wird zur Ellipse)
  - der Bugwulst (durchstößt möglicherweise die Wasseroberfläche)
  - der WL-Einlaufwinkel (indirekt proportional zum L/B-Verhältnis)

Die affine Verzerrung ist also kein Ersatz für einen Linienriss mit optimalen hydrodynamischen Eigenschaften, sondern sie dient lediglich dazu, im Vorentwurf ohne Kenntnis der Schiffslinien Näherungswerte für Kurvenblatt und Anfangsstabilität zu erhalten.

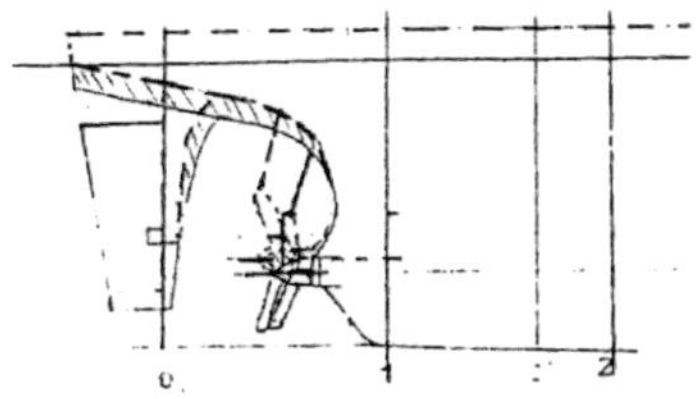

4.7. Andere Möglichkeiten der Verzerrung

- Einfügung einer Verlängerungssektion
  Die Werften wenden diese Methode an, um Schiffsfamilien mit einem bestimmten Tragfähigkeits-Spektrum zu erzeugen.
  Aber auch bereits in Fahrt befindliche Schiffe werden häufig durch eine Schiffs-Verlängerung nachträglich vergrößert. Die metazentrische Höhe KM des verlängerten Schiffes lässt sich trivial ohne Verwendung der Spantaufmaße ausrechnen.

$$\nabla_{Neu} = \nabla_{Alt} + dV \qquad mit\, dV = dL \cdot B \cdot T \cdot cm$$

$$KB_{Neu} = \frac{KB_{Alt} \nabla_{Alt} + dV \cdot \frac{T}{2}}{\nabla_{Neu}}$$

$$BM_{Neu} = \frac{BM_{Alt} \nabla_{Alt} + \frac{\Delta l B^3}{12}}{\nabla_{Neu}}$$

$$KM_{Neu} = KB_{Neu} + BM_{Neu}$$

- <u>Proportionale Verschiebung der Spanten zu den Loten</u>
  Die Methode dient dazu, die Länge des parallelen Mittelschiffes zu verändern.
  Dabei werden die Lote festgehalten. Die Spantabstände (im Vorschiff ab VL, im Hinterschiff ab HL) werden mit einem Faktor 'k' multipliziert, der sich wie folgt ergibt:

  $k = (c_m - c_b) / (c_m - c_b^*)$.

  k<1 führt zu einer Verlängerung des parallelen Mittelschiffes
  k>1 zu einer Verkürzung des parallelen Mittelschiffes

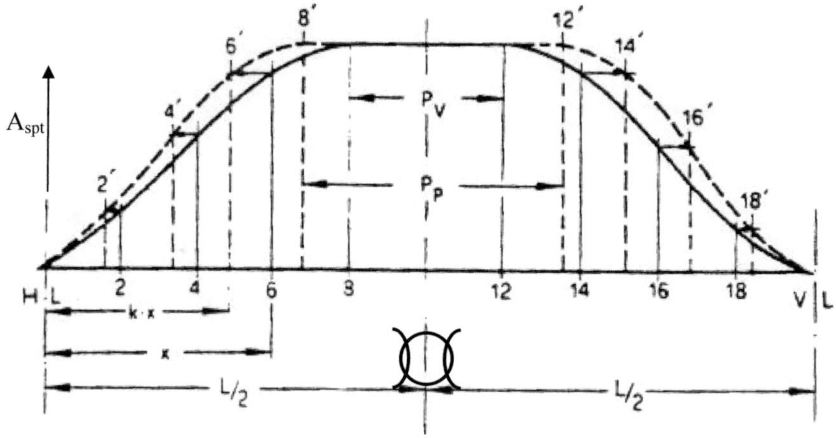

4.8. Näherungsformeln für KB

$$KM = KB + BM$$
$$KB = f_1 \cdot T$$
$$BM = f_2\, B^2 / (12 \cdot T \cdot c_B)$$
$$f_1 \sim 0{,}9 - (0{,}3 \cdot c_M) - (0{,}1 \cdot c_B)$$
$$f_2 \sim 0{,}13 \cdot c_{WP} + 0.87 \cdot c_{WP}^2$$

5. Stabilität bei großem Neigungswinkel (φ>5°)

5.1. Wechselwirkungen zwischen Krängung und Trimm

"Krängung und Trimm eines Schiffes sind miteinander gekoppelt und beeinflussen sich gegenseitig." Diese Aussage soll an 2 Beispielen erläutert werden:

1. Beispiel: Ein aufrecht (ungekrängt) schwimmendes Schiff wird vertrimmt. ($\Psi>0$)

Bei Vertrimmung bleibt konstant:

$Vol_o=Vol_\Psi$

Die Begründung liegt im archimedischen Prinzip: Da das Gewicht sich nicht ändert, bleibt auch der Auftrieb konstant.

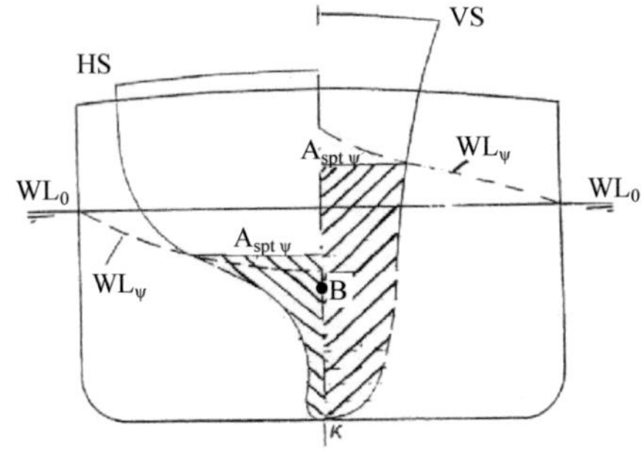

Änderung der Spantfläche durch Vertrimmung

Bei Vertrimmung ändert sich:

der örtliche Tiefgang	$T(x)$	
die y-Koordinate der Schwimm-Wasserlinie	$y(x)$	
die eingetauchte Spantfläche	$A_{spt}(x)$	$=2 \int y \cdot dz$
das Höhenmoment der Spantfläche	$Mv_{spt}(x)$	$=2 \int z \cdot y \cdot dz \; (0..T)$
der Höhen-⊗ des Volumens	KB	$= \int Mv_{spt(x)} \cdot dx / \nabla \; (0..L)$
das Trägheitsmoment der WL	I_T	$=2/3 \int y^3 \cdot dx$
der metazentr. Radius	BM	$= I_T/\nabla$
das Metazentrum	KM	= KB + BM

Fazit: Bei Vertrimmung ändert sich die Lage des Metazentrums.

2. Beispiel: Ein gleichlastig schwimmendes Schiff wird gekrängt. ($\varphi>0$)

Bei Krängung bleibt konstant: $Vol_o=Vol_\varphi$

Begr.: Da das Gewicht sich nicht ändert, bleibt auch der Auftrieb konstant (Archimedes).

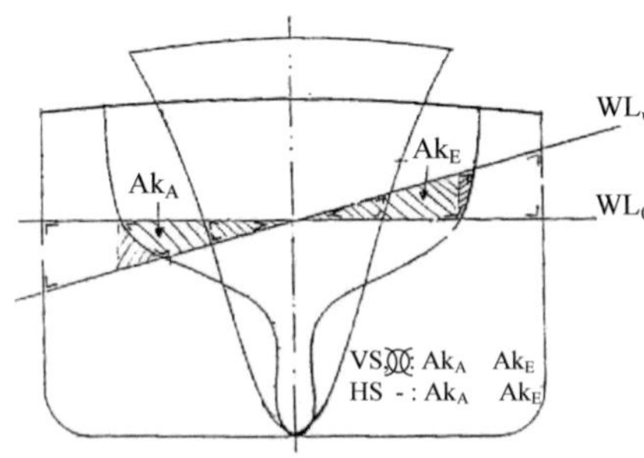

Unterschiede zwischen eintauchender und austauchender Spantfläche infolge Krängung

Bei Krängung ändert sich:

- die y-Koordinaten der Schwimmwasserlinie.
- die getauchte Spantfläche infolge unterschiedlicher Keile

  $A_{spt}(x) = A_{spt0} + A_{KE} - A_{KA}$

  im HS mit ausfallenden Spanten ist $A_{KE} > A_{KA}$

  im VS und MS mit senkrechten Wänden ist $A_{KE} \sim A_{KA}$

- das Längenmoment des Volumens $M_{LVOL} = \int x \cdot A_{spt} \cdot dx$
- der Längen-⊗ des Volumens $Lcb = M_{LVol} / Vol$
- das Längenträgheitsmoment $I_L = \int x^2 \cdot y \, dx$
- das Einheitstrimmmoment $MCT = \rho \cdot I_{L\,eigen} / L_{pp}$

Durch die Krängung verändert sich der Längen-⊗ des Auftriebs, das Einheitstrimmmoment und der Trimm. Der Effekt ist umso größer, je unterschiedlicher der Spantausfall zwischen VS und HS ist. Der Zustand "Seite Deck zu Wasser" kann sich ebenfalls stark auf den Trimm auswirken (z.B. beim Versorger mit langer Back).

Fazit:

- Im Kapitel 1 wurden Formeln zur Berechnung von Trimm und Krängung des Schiffes in Abhängigkeit von Tiefgang hergeleitet. Die Gleichungen sind voneinander entkoppelt, Wechselwirkungen wurden nicht berücksichtigt.
- In der physikalischen Wirklichkeit gibt es Wechselwirkungen zwischen Trimm und Krängung. Wenn man diese Wechselwirkungen berücksichtigen würde, würden die gekoppelten Gleichungssysteme sehr aufwendig werden.
- In normalen Fällen können die Wechselwirkungen vernachlässigt werden, die "ungekoppelten" Ergebnisse sind ausreichend genau.

In jedem Fall müssen Wechselwirkungen berücksichtigt werden beim Werft-Krängungsversuch, bei der Leckstabilität und bei Extrem-Schiffen mit kleinem Freibord und hohem Aufbau am vorderen Schiffsende (Versorger, Forschungsschiffe).

5.2. Der Drehpunkt eines Schwimmkörpers

Der Drehpunkt des Schiffes soll anhand eines extremen Schwimmkörpers hergeleitet werden. Auf dem Schwimmkörper soll eine Zusatz-Masse abgeladen werden, ohne dass der Körper vertrimmt.

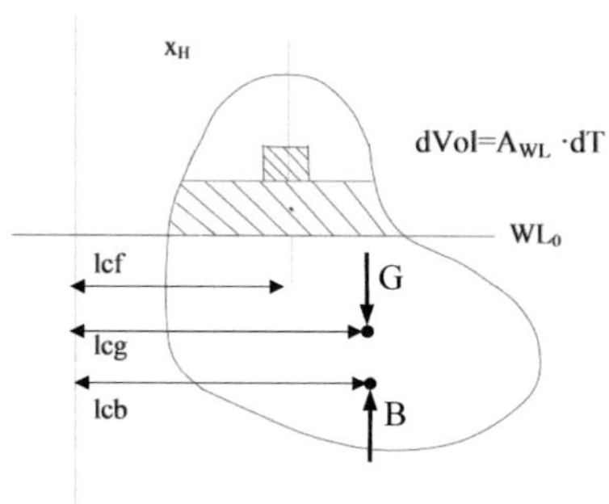

Im alten Zustand gilt:

$\Sigma F_{z\,alt} = 0 \quad => \quad Depl_{alt} = \rho \cdot Vol_{alt}$

$\Sigma M_{L\,alt} = 0 \quad => \quad Depl_{alt} \cdot lcg = \rho \cdot Vol_{alt} \cdot lcb => lcg = lcb$

Im neuen Zustand gilt

$\Sigma F_{z\,neu} = 0 \quad => \quad Depl_{alt} + m_H = \rho \cdot (Vol_{alt} + dVol)$

$\Sigma M_{L\,neu} = 0 \quad => \quad Depl_{alt} \cdot lcg + m_H \cdot x_H = \rho \cdot Vol_{alt} \cdot lcb + \rho \cdot dVol \cdot lcf$

$=> \quad x_H = \rho \cdot dVol \cdot lcf / m_H \quad = lcf$

Fazit: Die zusätzliche Last muss im Wasserlinienschwerpunkt abgesetzt werden.

Ein Schwimmkörper dreht um den WL - Schwerpunkt. Der WL-⊗ ist der Schnittpunkt der Schwerachsen.

5.3. Die Hebelarmkurve

Es ist im Schiffbau üblich, Momente nicht als Absolutwerte, sondern als Hebelarme (sozusagen normierte Momente) aufzutragen:

$h_{aufr} = M_{aufr} / (\rho \cdot Vol)$	$h_{kr} = M_{kr} / (\rho \cdot Vol)$

Wenn kein Index verwendet wird, ist der aufrichtende Hebel gemeint.
Die Hebelarme (= normierte Momente) werden in einer Hebelarmkurve h = f(φ) aufgetragen, die als Abszisse → den Krängungswinkel "φ" und als Ordinate↑ den Hebelarm "h" trägt.
Die Momentenkurve und die Hebelarmkurve sind affin und unterscheiden sich lediglich um den Maßstabsfaktor "(ρ·Vol)".
Auch die Ableitungskurve "dh/dφ" und die Integralkurve "$\int$ h·dφ" sind affin und unterscheiden sich nur um den Maßstabsfaktor "(ρ·Vol)".

Im nächsten Kapitel wird dargestellt, warum die Ableitung und das Integral der Hebelarmkurve für die Beurteilung der Kentersicherheit eine wesentliche Bedeutung haben.

5.4. Berechnung des aufrichtenden Hebels bei Schiffen mit senkrechten Wänden(φ <10°)

Betrachtet wird ein Schiff mit senkrechten Wänden, bei dem weder der Boden eintaucht noch das Deck austaucht. Bei normalen Schiffen ist dies näherungsweise im Winkelbereich ±10° erfüllt. Im Folgenden wird die Berechnung des Hebelarmes in 7 Schritten erläutert:

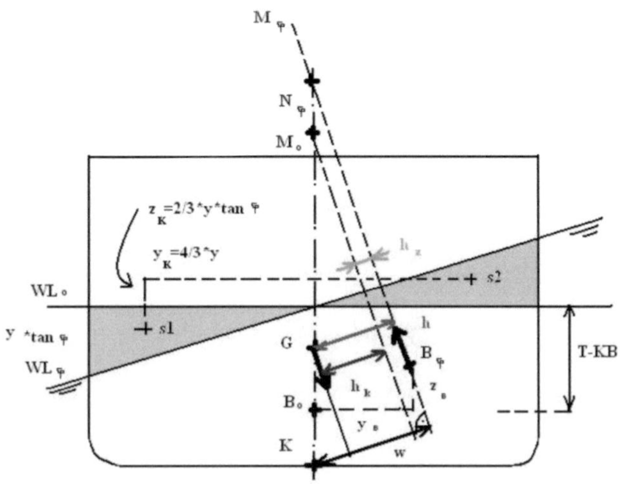

1. Volumen
   Da das Gewicht des Schiffes sich nicht ändert, gilt nach dem archimedischen Prinzip:
   $Vol_0 = Vol_\varphi$
   Die Volumina des eintauchenden und des austauchenden Keiles sind gleich.
   Das Volumen eines Keiles beträgt
   $$Vol_K = \int_0^L A_K * dx = \int 0{,}5 * (y) * (y * \tan\varphi) * dx \Big|_0^L$$

   A_K = Keilfläche einer Spantscheibe "dx"
   y(x) = halbe Breite der WL an der Stelle "x".

2. Verschiebewege

Die Verschiebung des Keilvolumens wird in schiffsfesten Koordinaten betrachtet:

$y_k = 2 \cdot (2 \cdot y/3) = (4/3) \cdot y$

$z_k = 2 \cdot (y \cdot \tan\varphi/3) = (2/3) \cdot y \cdot \tan\varphi$

3. Guldin`sche Regel

Das Gesamtmoment und das Keilmoment sind gleich

$Vol_0 \cdot B_0B_\varphi = Vol_K \cdot s_1s_2$ =>

y-Komponente $Vol_0 \cdot y_B = Vol_K \cdot y_K$

z-Komponente $Vol_0 \cdot z_B = Vol_K \cdot z_K$

4. Trägheitsmoment

Das Trägheitsmoment der ungekrängten WL - Fläche wird als Hilfsgröße eingeführt:

$I_T = (2/3) \cdot \int y^3 \cdot dx \; (0...L)$

5. Zusammenfassung

Aus den o.g. 4 Formeln lässt sich die Auswanderung des Formschwerpunktes für ein Schiff mit senkrechten Wänden bestimmen:

$$y_B \overset{3)}{=} \frac{Vol_K \cdot y_K}{Vol_0} \overset{1)\,2)}{=} \frac{\int_0^L 0,5 \cdot y^2 \cdot \tan\varphi \cdot dx \cdot (4/3) \cdot y}{Vol_0} = \frac{\tan\varphi \cdot I_T}{Vol_0} = BM_0 \cdot \tan\varphi$$

$$z_B \overset{3)}{=} \frac{Vol_K \cdot z_K}{Vol_0} \overset{1)\,2)}{=} \frac{\int_0^L 0,5 \cdot y^2 \cdot \tan\varphi \cdot dx \cdot (2/3) \cdot y \cdot \tan\varphi}{Vol_0} = \frac{0,5 \cdot \tan\varphi^2 \cdot I_T}{Vol_0}$$

$$\Rightarrow \quad z_B = 0,5 \cdot BM_0 \cdot \tan\varphi^2$$

6. B_0B_ϕ berechnen

Hebel: $B_0B\varphi = y_B \cdot \cos\varphi + z_B \cdot \sin\varphi = BM_0 \cdot \sin\varphi + 0,5 \cdot BM_0 \cdot \tan\varphi^2 \cdot \sin\varphi$

$B_0B\varphi$ = erdfester Abstand

y_B, z_B = schiffsfester Abstand

7. Hebel berechnen

Damit lässt sich der Hebelarm zwischen Gewicht G und Auftrieb B_φ errechnen:

$h = B_0B_\varphi - B_0G \cdot \sin\varphi = B_0B_\varphi - (BM_0 - GM_o) \cdot \sin\varphi$

=> $h = GM_o \cdot \sin\varphi + BM_0 \cdot 0,5 \cdot \tan\varphi^2 \cdot \sin\varphi$ bei Schiffen mit senkrechten Wänden

5.5. Der aufrichtende Hebel bei beliebiger Krängung mit Pantokarenen

Wenn ein Schiff aus der Ruhelage gekrängt wird, so ergibt sich aus der Auswanderung des Formschwerpunktes das Rückstell-Moment

$$M_{auf} = \rho \cdot \nabla \cdot h$$

Für den aufrichtenden Hebel gilt allgemein $h = (GM_0 + M_0N_\varphi)\ \sin\varphi$

a) Bei kleinen Winkeln ($\varphi < 5°$) ist das Metazentrum ortsfest ($M_0N_\varphi = 0$), also gilt

$$\varphi \leq 5° \Rightarrow M_oN_\varphi = 0 \Rightarrow h = GM_0 \cdot \sin\varphi$$

b) Bei $5° \leq \varphi \leq 10°$ und senkr. Wänden ergibt sich aus dem Abstand zweier Parallelen:

$$5° \leq \varphi \leq 10° \Rightarrow M_0N_\varphi = z_B = \frac{BM}{2}\tan^2\varphi \qquad \Rightarrow h = GM_0 \cdot \sin\varphi + \frac{BM}{2} \cdot \tan^2\varphi \cdot \sin\varphi$$

c) Bei großen Winkeln ($\varphi > 10°$) und freier Schiffsform wird die Auswanderung des Formschwerpunktes von der Werft mit EDV-Programmen berechnet:

Die Pantokarene ist die seitliche Auswanderung des Formschwerpunktes $B\varphi$ gegenüber dem Kielpunkt in wasserlinienfesten Koordinaten.

Für den aufrichtenden Hebelarm gilt:

φ = beliebig → **$h = w - KG \cdot \sin\varphi$**

Mit der o.g. Formel lässt sich der aufrichtende Hebel oder das aufrichtende Moment für jeden Winkel errechnen.

Die Pantokarene ist ausschließlich vom Krängungswinkel φ und von der Verdrängung abhängig. Letztere steht für den Tiefgang, dessen Messachse sich allerdings dreht. Die Pantokarene ist also eine reine Formgröße und wird von der Werft als Tabelle an Bord gegeben.

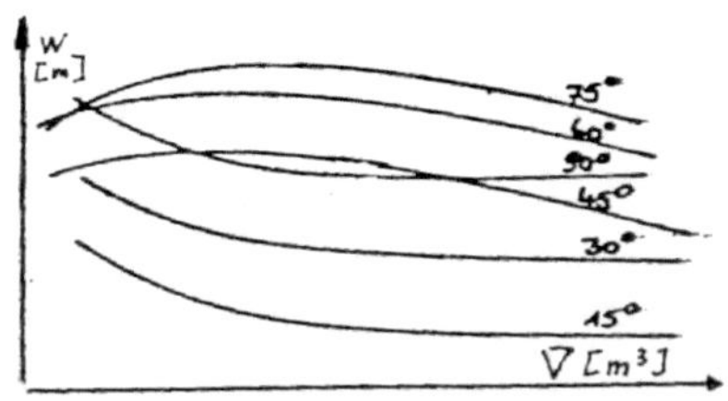

Bei der Berechung der Pantokarenen dürfen lt. SBG S. 14 berücksichtigt werden:

- Aufbauten im Sinne der Freibord-Vorschrift (max. 4% von der Schiffsseite eingerückt)
- wetterdicht verschlossene Luken und Trunks

Die o.g. Aufbauten kommen bei größeren Krängungswinkeln zu Wasser, so dass das gekrängte Schiff auf ihnen schwimmen kann. Dies führt zu einer Verbesserung der Hebelarme bei großen Krängungswinkeln.

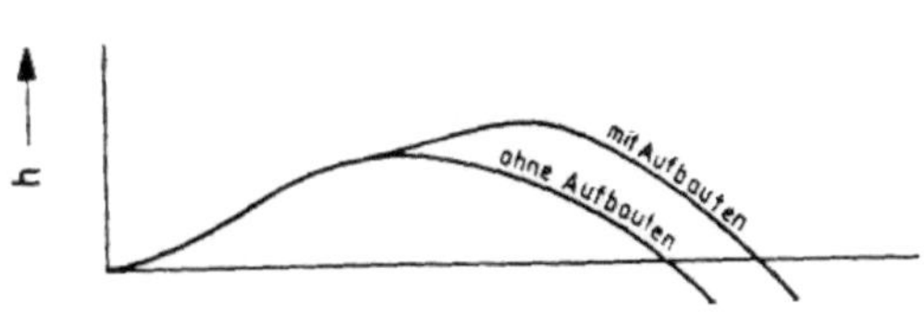

5.6. Schlagseite bei Schiffen mit negativer Anfangsstabilität $GM_0 < 0$

Die Ruhelage unter Schlagseite ist dadurch gekennzeichnet, dass der aufrichtende Hebelarm h = 0 ist. Bei φ<10° gilt dann

$$0 = (GM_0 + \frac{\tan^2 \varphi}{2} BM_0) \sin \varphi \qquad \rightarrow \quad \tan \varphi = \sqrt{\frac{-2GM_0}{BM_0}}$$

Die Gleichung führt nur zu reellen Werten, wenn GM_0 negativ ist. Die Formel dient dazu, bei negativer Anfangsstabilität die Schlagseite zu berechnen. Die Formel gilt nicht bei größerer Schlagseite (φ>10°). Diese Fälle sind grundsätzlich zu vermeiden.

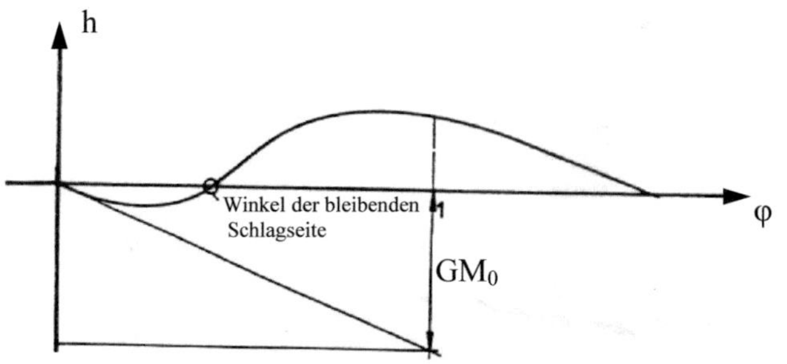

6. Stabilitätsanteile und Stabilitätsfunktionen

6.1. Stabilitätsanteile

Das aufrichtende Moment eines Schiffes beträgt

$$M_{Auf} = \rho\nabla \cdot h = \rho\nabla \cdot (GM_0 \cdot \sin\varphi + M_0N_\varphi \cdot \sin\varphi)$$

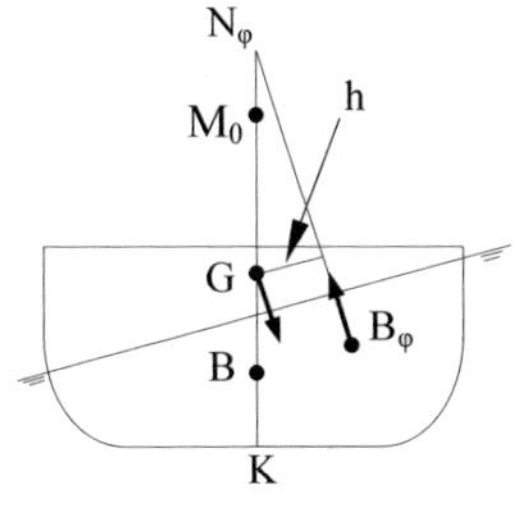

a) Gewichtsstabilität
Als Gewichtsstabilität bezeichnet man den Anteil des aufrichtenden Momentes, der auf die Strecke GM_0 entfällt.

$$M_{Auf_{Gew}} = \rho\nabla \cdot GM_0 \cdot \sin\varphi$$

Die Gewichtsstabilität lässt sich messen bei dem Spezialfall „Schiff mit kreisförmigen Spanten", bei dem die Punkte M_0 und N_φ im Kreismittelpunkt zusammen fallen.

$$\overline{M_0N_\varphi} = 0 \qquad => \quad h = h_K = GM_0 \cdot \sin\varphi$$

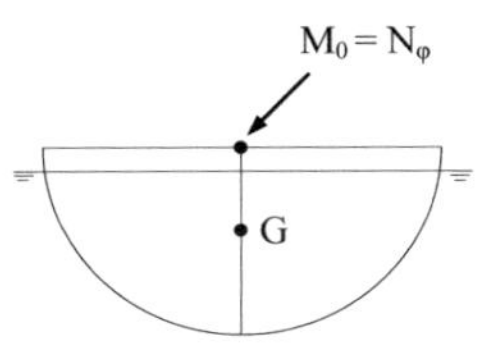

Schiff mit Kreisspantform (M_0 = Kreismittelpunkt)

b) Formzusatzstabilität
Als Formzusatzstabilität bezeichnet man den Anteil des aufrichtenden Momentes, der auf die Strecke M_0N_φ entfällt.

Die Formzusatzstabilität lässt sich berechnen oder in einem Modellversuch bei einem Schiff mit hoch liegendem Gewichtsschwerpunkt im Metazentrum M_0 messen.

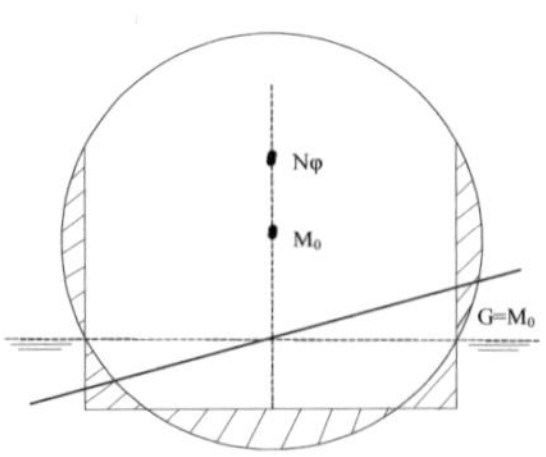

Schiff mit Gewichts-⊙ in M_0

$$GM_0 = 0 \text{ (Spezialfall)} => \quad h = h_Z = M_0N_\varphi \cdot \sin\varphi$$

Die Formzusatzstabilität ergibt sich durch Abweichung der Schiffsform von einem vergleichbaren Schiff mit Kreisspanten (L, B = const.).

6.2. Die Stabilitätskriterien

Unter Stabilitätskriterien versteht man diejenigen Kriterien (= Abhängigkeiten), durch die die Stabilität des Schiffes charakterisiert wird. Dazu gehören:

a) Die Art des Gleichgewichts (stabil/labil/indifferent)

$\Rightarrow$ Metazentr. Höhe GM_φ

b) Die statische Stabilität unter Einwirkung einer zeitlich konstanten Belastung (z.B. ein verschobenes Krängungsgewicht). Dies läuft auf eine Momentenbilanz hinaus.

$\Rightarrow$ Hebelkurve h_φ

c) Die dynamische Stabilität unter Berücksichtigung der Massenträgheit und das Schwingungsverhalten des Schiffes. Dies läuft auf eine Energiebilanz hinaus.

$\Rightarrow$ Energiebilanz $A\varphi$

6.2.a. Die metazentrische Höhe GMφ zur Bestimmung der Art des Gleichgewichts

In Kapitel 1 wurde festgestellt, dass bei einem quasi aufrecht schwimmenden Schiff die metazentrische Höhe GM_0 ein geeignetes Maß ist, um die Art des Gleichgewichtes zu beschreiben.

$GM_0 > O$ => stabil

$GM_0 = O$ => indifferent

$GM_0 < O$ => labil

$GM_0 > O$
⇨ $dh > 0$
⇨ stabil

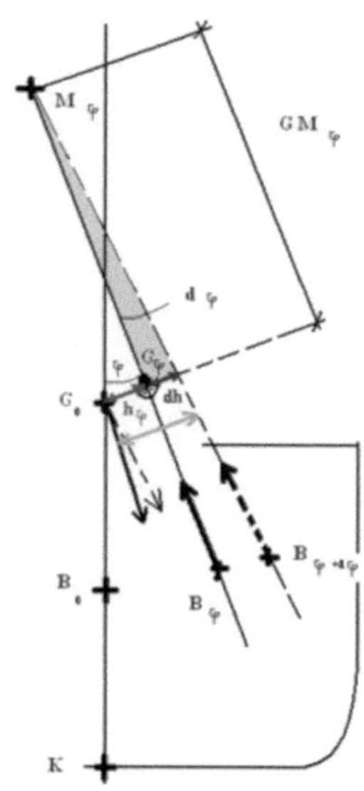

GM_φ ist der erdfeste Abstand zwischen Gewichtsschwerpunkt G und Metazentrum $M\varphi$.

Es wird angenommen, dass das Schiff mit dem Krängungswinkel φ schwimmt.

Die Vektoren $B\varphi$ und $B\varphi+d\varphi$ schneiden sich im Metazentrum $M\varphi$. Der ursprünglichen Anfangsstabilität GM_0 entspricht bei einem Schiff mit Schlagseite der erdfeste Abstand $GM\varphi$

Es soll geprüft werden, ob das Gleichgewicht stabil/ labil/ indifferent ist.

Ein stabiles Gleichgewicht liegt vor, wenn bei einer Weiterdrehung von φ nach $(\varphi+d\varphi)$ das aufrichtende Moment zunimmt.

$$\left.\begin{aligned} M_{Auf\,\varphi} &= \rho \nabla \cdot h_\varphi \\ M_{Auf\,\varphi+d\varphi} &= \rho \nabla \cdot h_{\varphi+d\varphi} \end{aligned}\right\} \Rightarrow stabil, wenn\ M_{Auf\,\varphi+d\varphi} - M_{Auf\,\varphi} > 0$$

$$\Rightarrow \quad h_{\varphi+d\varphi} - h_\varphi = dh > 0 \quad \Rightarrow \quad \text{stabil}$$

Wird das Schiff in der skizzierten Lage um einen kleinen Winkel $d\varphi$ weiter gedreht, ändert sich der aufrichtende Hebelarm um:

$$dh = GM_\varphi \cdot \sin d\varphi \sim GM_\varphi \cdot d\varphi \qquad \Rightarrow \qquad GM_\varphi = \frac{dh}{d\varphi}$$

Die metazentrische Höhe GM_φ ist gleich der Ableitung der Hebelarmkurve h_φ nach dem Krängungswinkel „φ“, also der Steigung der Hebelarmkurve.

Ist $GM_\varphi = (dh / d\varphi) > 0$, so ist das Gleichgewicht stabil.

Ebenso können die Verhältnisse bei labilem Gleichgewicht dargestellt werden mit ($GM < 0$).

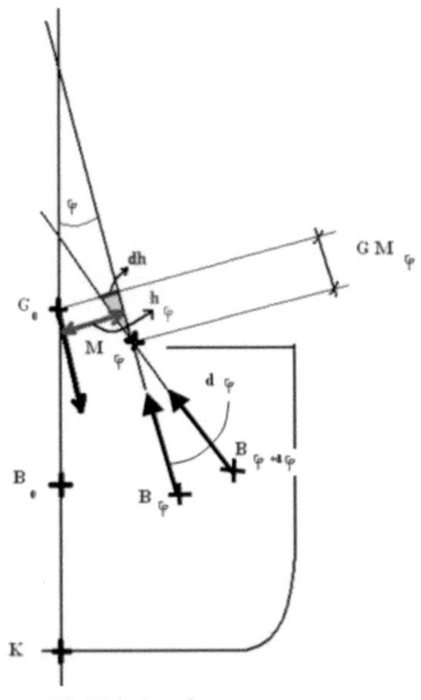

Die Hebelarmkurve

Die Tatsache, dass die metazentrische Höhe gleich der Steigung der Hebelarmkurve ist, macht man sich bei der Konstruktion der aufrichtenden Hebelarmkurve zunutze:

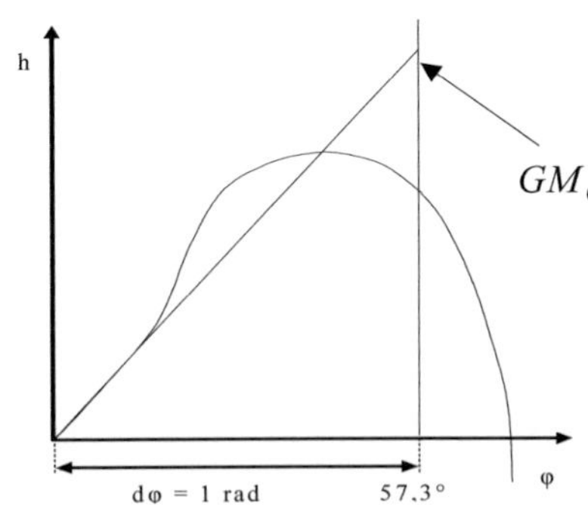

$$GM_0 = \frac{dh}{d\varphi_{\varphi=0}}$$

Wenn man im Hebelarm-Diagramm einen Punkt konstruiert, der auf der horizontalen Achse die Strecke 1 rad = 180 / Π =57,3° besitzt und auf der vertikalen Achse die Strecke GM_0, so hat die Verbindungsgerade zwischen diesem Punkt und dem Nullpunkt die Steigung $\frac{dh}{d\varphi} = \frac{GM_0}{1} = GM_0$. Die Verbindungsgerade (0°/0 cm→57,3°/GM_0) ist also die Anfangstangente der Hebelarmkurve.

6.2.b Der aufrichtende Hebelarm „h" zur Bestimmung der statischen Stabilität

Statisches Gleichgewicht herrscht, wenn das aufrichtende Moment und das krängende Moment gleich sind.

Hebel sind „normierte Momente", so dass im statischen Gleichgewicht gilt:

$$\left.\begin{aligned} h_{Kr} &= h_{Auf} \\ h_{aufr} &= \frac{M_{aufr}}{\rho \nabla} = GM_0 \cdot \sin\varphi + h_Z \end{aligned}\right\} \Rightarrow \varphi_S$$

Dabei müssen „stationäre Zustände" vorliegen. Trägheitskräfte und Beschleunigungen werden also nicht berücksichtigt.

Es ist üblich, den aufrichtenden Hebelarm in der Kurve $h=f(\varphi)$ darzustellen und dieser Kurve den krängenden Hebelarm zu überlagern.
Der Schnittpunkt zwischen aufrichtender und krängender Hebelarmkurve ist der Gleichgewichtspunkt.

Für ein beliebiges Schiff beträgt der aufrichtende Hebel:

$$h = h_k + h_z \Rightarrow \quad = GM_0 \sin\varphi + M_0 N_\varphi \sin\varphi$$

Da M_0N_φ nicht bekannt ist, wird die Formzusatzstabilität h_z auf anderem Wege ermittelt.

a) <u>Für sehr kleine Winkel ($\varphi<5°$)</u>

$$\varphi<5° \Rightarrow h_z=0$$

b) <u>Bei mittleren Krängungswinkeln ($\varphi<10°$</u> bzw. „senkrechte Wände)

$$\Rightarrow h_z = \frac{BM_0}{2} * \tan^2\varphi * \sin\varphi$$

c) <u>Bei großen Krängungswinkeln (φ = beliebig)</u>

$$h_z = w - KM * \sin\varphi$$

6.2.c. Die Fläche „Aφ“ zur Bestimmung der dynamischen Stabilität

Im natürlichen Schiffsbetrieb wirken am Schiff Beschleunigungen und Trägheitskräfte, die nicht vernachlässigt werden dürfen.
Das krängende Moment kann ebenfalls dynamischer Art sein (Windbö, Impuls).
In diesem Fall ist eine Energiebilanz erforderlich, wobei angenommen wird, dass das Schiff eine harmonische Rollschwingung ausführt.

Nicht berücksichtigt werden:

- die Dämpfung der Rollschwingung durch Reibung
- die Erregung des Schiffs durch Seegang (nur statistisch möglich)

Im Folgenden soll eine Gleichung für den max. Krängungswinkel φ_{max} bei dynamischer Stabilität hergeleitet werden.

1. Analogie zwischen Bahnbewegung und Drehbewegung

Bahn-Bewegung	Dreh-Bewegung
Weg s [m] Geschwindigkeit $v = \frac{\partial s}{\partial t}$ [m/s] Beschleunigung $a = \frac{\partial^2 s}{\partial t^2}$ [m/s²]	Winkel φ [°] Kreisfrequenz $\omega = \frac{\partial \varphi}{\partial t}$ [1/s] Kreisbeschleunigung $\dot{\omega} = \frac{\partial^2 \varphi}{\partial t^2}$ [1/s²]
Kraft $F = mg = \rho \cdot g\nabla$ [kg*m/s²] $E_{pot} = \int_{s_0}^{s_E} F \cdot ds = \rho \cdot g\nabla \int_{s_0}^{s_E} ds$ [Nm]	Moment $M = (\rho \cdot g\nabla) \cdot h$ [kg*m²/s²] $E_{pot} = \int_{\varphi 0}^{\varphi E} M \cdot d\varphi = \rho \cdot g\nabla \int_{\varphi 0}^{\varphi E} h d\varphi$ [Nm]
Impuls $p = m \cdot v$ [kg*m/s] $E_{kin} = \int_{v_0}^{v_E} p\, dv = \int_{v_0}^{v_E} m \cdot v\, dv = \left. \frac{mv^2}{2} \right\vert_{v0}^{v_E}$ [Nm]	Drall $D = I' \cdot \omega$ [kg*m²/s] $E_{kin} = \int_{\omega 0}^{\omega E} D d\omega = \int_{\omega 0}^{\omega E} I' \omega d\omega = \left. \frac{I' \omega^2}{2} \right\vert_{\omega 0}^{\omega E}$ [Nm]

*mit I' : Massenträgheitsmoment einschließlich hydrodyn. Masse [kg*m²]*

2. Normierte Energiebilanz:

$$E_{norm} = \frac{E_{(Nm)}}{\rho g \nabla} \qquad \left(\text{analog } h = \frac{M_{(tm)}}{\rho \nabla} \right)$$

$$E_{aufr \cdot norm.} = \frac{E_{pot} + E_{kin}}{\rho g \nabla} = \frac{\rho g \nabla \int_{\varphi 0}^{\varphi E} h d\varphi + \int_{\omega 0}^{\omega E} I' \omega d\omega}{\rho g \nabla} = \int_{\varphi 0}^{\varphi E} h d\varphi + \frac{\int_{\omega 0}^{\omega E} I' \omega d\omega}{\rho g \nabla}$$

3. <u>Extrem-Ausschlag:</u>

Die aufrichdene Energie des Schiffes beim Maximalausschlag φ_{max} beträgt

$$E_{pot} = \rho g \nabla \int_{\varphi_0=0}^{\varphi_{max}} h d\varphi$$

$$E_{kin} = \int_{\omega_0=0}^{\omega_{max}=0} J\omega \, d\omega = \left[\frac{J\omega^2}{2}\right]_0^0$$

$\rightarrow E_{auf} = E_{pot} + E_{kin} = \rho g \nabla \int_{\varphi_0}^{\varphi_{max}} h d\varphi + 0$ oder in normierter Form

$$\rightarrow E_{auf\,norm.} = \frac{E_{auf}}{\rho g \nabla} = \int_{\varphi_0=0}^{\varphi_{max}} h d\varphi \overset{!}{=} \frac{E_{kr.}}{\varphi g \nabla}$$

Der max. Krängungswinkel $\varphi_{max} = \varphi_{dyn}$ ergibt sich aus dem Energie-Gleichgewicht zwischen (normierter) aufrichtender und krängender Energie.

Die „normierte Energie" ist gleich der Fläche unter der Hebelarmkurve.

$A_\varphi = \int_{\varphi_0}^{\varphi_{max.}} h d\varphi$ ist die „normierte aufrichtende Energie". Sie dient zur Bestimmung des dynamischen Krängungswinkels $\varphi_{dyn} = \varphi_{max}$

6.3. Umrechnungen zwischen den Stabilitätsfunktionen

Im Abschnitt 6.1. wurde dargestellt, dass sich die Stabilität eines Schiffes aus einem Kreisspant-Anteil und einem Formzusatz-Anteil zusammensetzt.

$$h = h_K + h_Z = \frac{M}{\rho \cdot \nabla} \qquad GM = GM_K + GM_Z = \frac{dh}{d\varphi} \qquad A_\varphi = A_K + A_Z = \int_{\varphi_0}^{\varphi_{max}} h d\varphi$$

a) Der Hebel eines Schiffes mit Kreisspantform ist bekannt. Damit lassen sich auch die metazentrische Höhe und die Fläche unter der Hebelarmkurve berechnen:

$$h_K = GM_0 \sin\varphi \qquad mit \qquad \frac{d\sin\varphi}{d\varphi} = \cos\varphi \qquad und \qquad \int \sin\varphi d\varphi = -\cos\varphi$$

$$\Rightarrow GM_K = \frac{dh_K}{d\varphi} = GM_0 \cos\varphi$$

$$\Rightarrow A_K = \int_{0°}^{\varphi_{max}} h_K d\varphi = \int_0^{\varphi_{max}} GM_0 \cdot \sin\varphi d\varphi = GM_0(-\cos\varphi - -\cos 0°) = GM_0(1-\cos\varphi)$$

b) Die Formzusatzstabilität erhält man über die Pantokarene:

$$h_Z = w - KM \sin\varphi$$

$$GM_Z = \frac{dh_Z}{d\varphi} \approx \frac{h_{z_2} - h_{z_1}}{(\varphi_2 - \varphi_1) \cdot \frac{\pi}{180}} = Tangentensteigung\,(z.B.\,graphisch)$$

$$A_Z = \int_{\varphi 0}^{\varphi_{max}} h_Z d\varphi \qquad = Fläche\,(z.B.\,graphisch\,oder\,über\,Simpson)$$

$$A_{Z\,0...40°} = \frac{d\varphi}{3} \sum SF \cdot h_z = \frac{\pi \cdot 10°}{3 \cdot 180°}(h_{z_0} + 4h_{z_{10}} + 2h_{z_{20}} + 4h_{z_{30}} + h_{z_{40}})$$

$$A_{Z\,0...30°} = \frac{3}{8} d\varphi \cdot \sum SF \cdot h_z = \frac{3\pi \cdot 10°}{8 \cdot 180°}(h_{z_0} + 3h_{z_{10}} + 3h_{z_{20}} + 1h_{z_{30}})$$

c) Mindestwerte für h, GM und A werden in den Vorschriften vorgegeben:

- GM $\geq$ 0,15m;
- GM>0,30m (Lpp<110m) bzw. GM>0,40m (Lpp>125m) in der Containerfahrt
- $h_{30°}$ $\geq$0,20m + dU
  oder bei Lpp> 100m:
  $h_{30°}$ $\geq$0,002·Lpp + dU
- A30° $\geq$ 0,055 mrad
- A40° $\geq$ 0,09 mrad
- A40° - A30° $\geq$ 0,03 mrad
- <u>Umfang > 50°</u>

Φ	h_φ [m]	Fläche bis 30° Faktor	Fläche bis 30° Produkt	Fläche bis 40° Faktor	Fläche bis 40° Produkt
10°		3		2	
20°		3	+	1	+
30°		1	+	2	+
40°				0,5	+
		Σ_1 =		Σ_2 =	
Flächen [m·rad]		Faktor 0,0654 $A_{30°}$ =		Faktor 0,1164 $A_{40°}$ =	
				$-A_{30°}$ =	
				$A_{40°} - A_{30°}$ =	

Schema zur Berechnung der Hebel-Flächen

d) Zusammenhang zwischen Extrema, Wendepunkten und Nulldurchgängen

Wenn man die Kurvenverläufe GM, h, A = f(φ) aufzeichnet, stellt man folgendes fest:

GM-Kurve hat ein Maximum $\Rightarrow$ Integralkurve $h = \int GMd\varphi$ hat einen Wendepunkt

h(φ) – Kurve hat ein Maximum: $\Rightarrow$ Differentialkurve $GM_\varphi = \frac{dh}{d\varphi}$ hat eine Nullstelle

$\Rightarrow$ Integralkurve $A_\varphi = \int hd\varphi$ hat einen Wendepunkt

A(φ) – Kurve hat ein Maximum $\Rightarrow$ Differentialkurve $h(\varphi) = \frac{dA}{d\varphi}$ hat eine Nullstelle

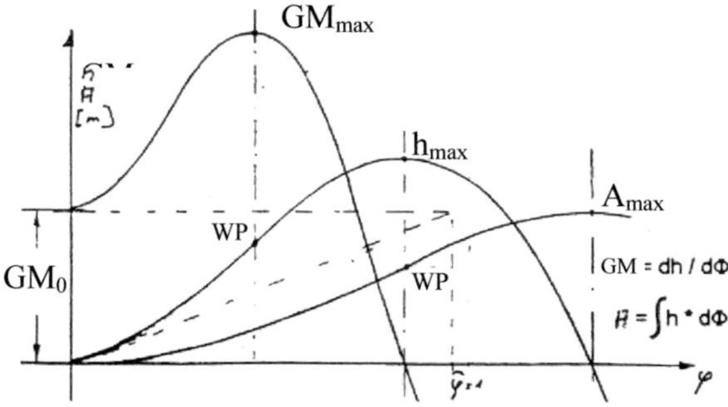

Kurvenverläufe für Metazentrische Höhe, Hebelarm und Stabilitätsweg

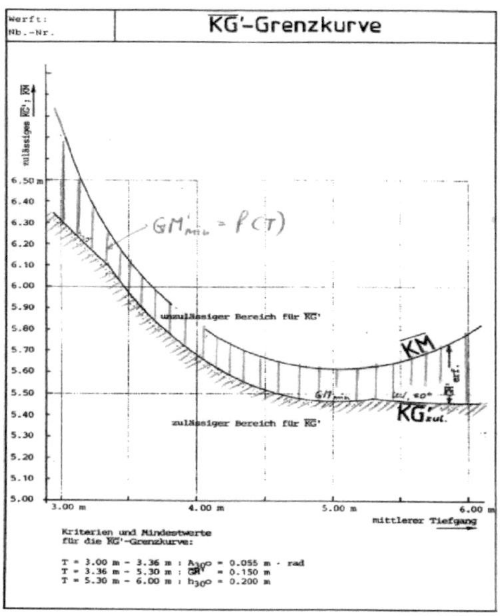

KG'-Grenzkurve zur Erfüllung aller SBG-Kriterien bei verschiedenen Tiefgängen

7. Krängende Momente

7.1. hängende Lasten

a) Wenn eine Hieve der Masse m_H vom schiffseigenen Kran angehoben wird, so verschiebt sich der Kraft-Angriffspunkt von der Startposition in die Umlenkrolle des Auslegers. Dies führt zu einer Schwerpunkts–Erhöhung des Schiffes und zu einem Stabilitätsverlust. Die „Guldinische Regel" wird angewandt:

Der ⊙ eines Körpers verschiebt sich bei der Verlagerung eines Einzelstückes um eine solche Strecke, dass Gesamtverschiebmoment gleich dem Verschiebemoment des Einzelstückes ist. Die Verschiebewege sind parallel.

$$GG^* \cdot Depl = m_H \cdot dz \quad \Rightarrow \quad \boxed{GG^* = \frac{m_H \cdot dz}{Depl}}$$

Damit verschlechtern sich:

- Der Höhenschwerpunkt — $KG^* = KG_{solid} + GG^*$
- Die Anfangsstabilität — $GM^* = GM_{solid} - GG^*$
- Die Hebelarmkurve — $h^* = w - (KG_{solid} + GG^*) \sin\varphi$

b) Wird die hängende Hieve zur Seite ausgeschwungen, so beträgt der krängende Hebelarm

$$\boxed{h_{Kr} = \frac{m_H (dz \cdot \sin\varphi + dy \cdot \cos\varphi)}{Depl}}$$

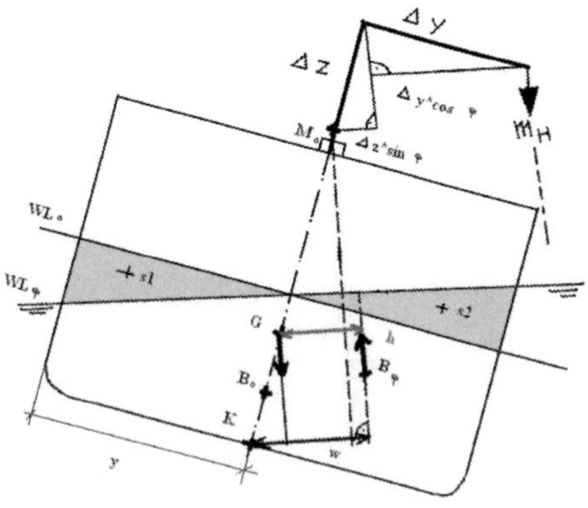

Den Krängungswinkel erhält man durch Gleichsetzen von krängendem und aufrichtendem Hebel, wobei die Verschiebung des Gewichtsschwerpunktes berücksichtigt wird:

$$h_{auf} = (GM_{solid} - GG^*) \sin\varphi$$

$$h_{Kr} = \frac{m_H \cdot dz \cdot \sin\varphi + m_H \cdot dy \cdot \cos\varphi}{Depl} \quad , \quad GG^* = \frac{m_H \cdot dz}{Depl}$$

$$\Rightarrow \left(GM_{solid} - \frac{m_H dz}{Depl} \right) \cdot \sin\varphi = \frac{m_H (dz \sin\varphi + dy \cos\varphi)}{Depl}$$

$$\Rightarrow \tan\varphi = \frac{m_H \cdot dy}{Depl \cdot GM_{Solid} - 2 \cdot m_H \cdot dz}$$

c) Die SBG verlangt bei Schwergutumschlag (Pkt. 3.3.5):

- dass, der statische Krängungswinkel kleiner als der zulässige Wert laut Hersteller ist (z.B. 6°)
- dass bei einem Winkel „$\varphi_{zul+5°}$“ die Differenz zwischen aufrichtenden und krängenden Hebel mindestens $dh_{min} = 0{,}1m$ beträgt

$$dh_{\min} = \left(h_{auf} - h_{kr}\right)_{\varphi zul+5°} \quad \geq \quad 0{,}10 \quad m$$

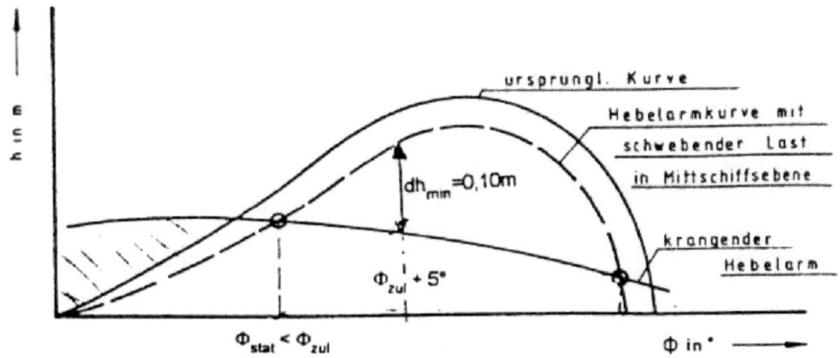

7.2. Freie Oberflächen

Teilgefüllte Tanks halten bei Neigung die Oberfläche waagerecht. Bei Krängung wandert durch die übergehende Flüssigkeit der Tankschwerpunkt von b_0 nach b_φ (Form-⊙ = Gewichts-⊙).
Der krängende Hebelarm beträgt:

$$h_{Kr} = \frac{\sum_{1}^{i} \rho_{FL} \cdot vol_{Fl} \cdot \overline{b_0 b_\varphi}}{Depl}$$

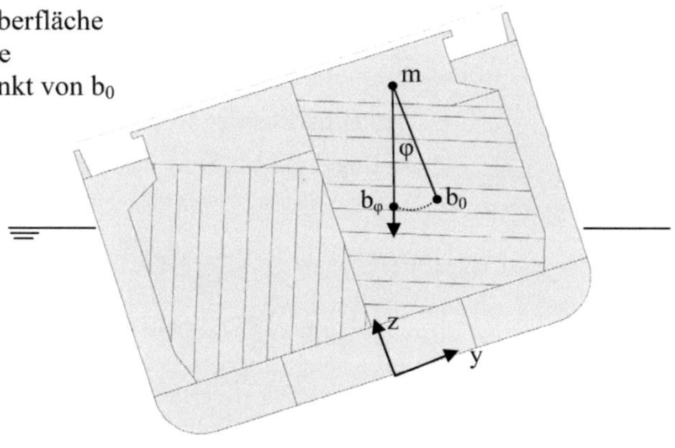

1) Bei Tankern wird der krängende Hebel über das „volumetrische Krängungsmoment“ bei $\rho = 1{,}00t/m^3$ berechnet.

$M_{Vol} = vol \cdot \overline{b_0 b_\varphi}$ (aus Tabellen, f(Füllstand, φ))

$$\Rightarrow \quad h_{Kr} = \frac{\sum_1^i \rho_{FL} \cdot M_{Vol_{(Füllstand \varphi)}}}{Depl}$$

2) Bei Frachtschiffen geht man einen anderen Weg, der nur bei kleinen Krängungswinkeln und senkrechten Wänden zulässig ist. (φ klein ⇒ Boden taucht nicht aus / Tankdecke taucht nicht ein):
Die freie Oberfläche wirkt so, als ob die Flüssigkeit als hängende Last im Tankmetazentrum aufgehängt ist.

a) Dadurch wird der ⊙ der Flüssigkeit um die Strecke $\overline{bm_0}$ erhöht.

$\overline{bm_0} = \frac{i_{T\,eigen}}{vol_{Fl}}$ (analog $BM_0 = \frac{I_{T0}}{\nabla}$)

i_T = Eigenträgheitsmoment der Tankfläche

b) Die Schwerpunktserhöhung des Gesamtsystems wird über die Guldinsche Regel bestimmt:

$$Depl \cdot GG' = vol_{Fl} \cdot \rho_{Fl} \cdot \overline{bm_0} = \rho_{Fl} \cdot i_{T_{Eigen}}$$

oder bei mehreren Tanks:

$$GG' = \frac{\sum_1^i \rho_{Fl} \cdot i_{T\,Eigen}}{Depl}$$

Dies hat Einfluss auf:

- den Gewichtsschwerpunkt $KG' = KG_{solid} + GG'$
- die metazentrische Höhe $GM' = GM_{solid} - GG'$
- den aufrichtenden Hebelarm* $h_{auf}' = w - (KG + GG')\sin\varphi$

Diese Regel gilt bis Seite Tank eintaucht bzw. der Boden austaucht.

Hinweise : 1) $i_T = \frac{2}{3}\int_0^l y^3 dx = \frac{2}{9} dx \cdot \sum y^3 \cdot SF$

2) Was passiert bei hängender Last und freien Oberflächen?

7.3. Massengut

a) Zusammenhang zwischen Schüttkegelwinkel „α“,Oberflächenwinkel „β“ und Krängungswinkel φ:

- Kippt man Massengut durch einen Trichter, so entsteht ein Schüttkegel. Der Winkel „α“ ist eine Stoffkonstante, z.B. Zement α=40° , Weizen α=23-35° , Flüssigkeit α=0°

- Durch die Haftreibung im Massengut kann die waagerechte Unterlage um weitere 7° (Erfahrungswert) geneigt werden, bis der Schüttkegel seine Form verändert. Wird die Oberfläche eben getrimmt, dann muss das Schiff einen Krängungswinkel von mindestens $\varphi \geq \alpha + 7°$ einnehmen, damit die Ladung verrutscht. Nach dem Verrustschen stellt sich der Oberflächenwinkel $\beta = \varphi - (\alpha + 7)$ ein.

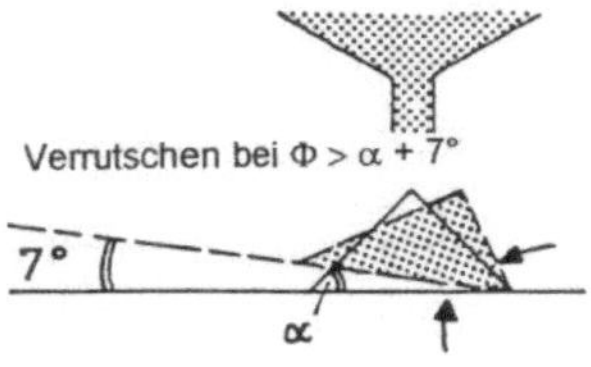

b) Stabilität beim Transport von kompressiblem Massengut

Infolge der Schiffsvibration verdichtet sich das Massengut während der Reise. Dadurch schrumpft das Volumen z.B. um 2 - 5% bei Getreide, Zement etc. Dadurch ergeben sich 2 Veränderungen:

- Der Gewichtsschwerpunkt senkt sich ab (Stabilitäts – Gewinn)
- Es entstehen freie Oberflächen (Stabilitäts – Verlust)

Da der max. Krängungswinkel φ unbekannt ist, gibt man in der Praxis den Oberflächenwinkel β vor. Für den gegebenen Oberflächenwinkel β wird dann die Auswanderung des Formschwerpunktes errechnet.

Getreide – Code:	β=15° bei vollen, eingeebneten Räumen
IMO MSC 23(59)	β=25° bei vollen , nicht eingeebneten Räumen
	β=25° bei teilgefüllten, eingeebneten Räumen
	Teilfüllung ohne Einebnung ist nicht zulässig.

Der Oberflächenwinkel geht ein in das volumetrische Krängungsmoment. M_{Vol} mit der Dichte ρ= 1,0 t/m³. Den krängenden Hebelarm erhält man nach der Formel

$h_{kr} = M_{Vol} * \rho / Depl.$

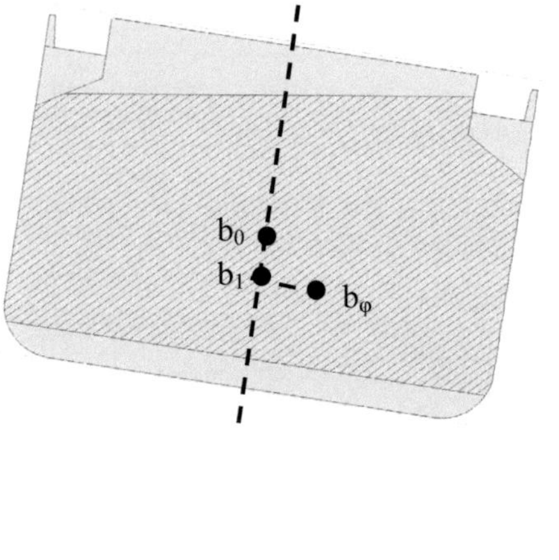

7.4.a Winddruck – Hebel

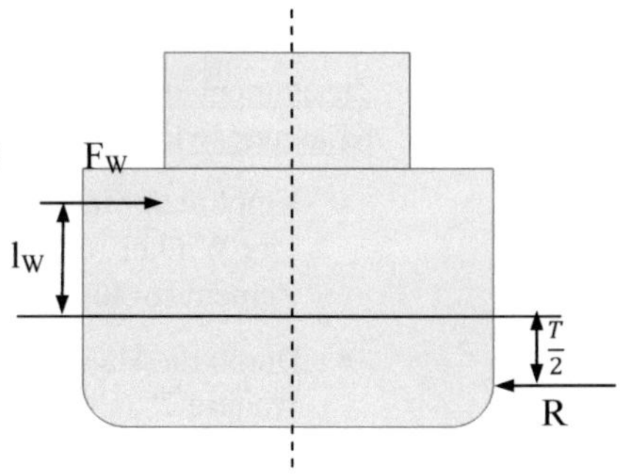

Der krängende Hebel infolge seitlichen Winddrucks beträgt:

$$h_W = \frac{M_{W[t\cdot m]}}{Depl.} \quad \frac{p_{W\left[\frac{kN}{m^2}\right]} \cdot A_L \cdot f(\varphi) \cdot (l_W + T/2)}{9{,}81[kN/t] \cdot Depl.}$$

p_W = Winddruck [kN / m²]

$$p_W = c \cdot \underbrace{\frac{\varphi_L}{2} \cdot v_W^2}_{Staudruck}$$

c: Widerstandsbeiwert (Mittel: c=1,3)

ρ_L: $1{,}226 \cdot 10^{-3}$ t/m³

v_W: Windgeschwindigkeit [m/s]

Nach SBG 84 – Vorschrift 3.2.8 sind folgende Winddruck–Werte zu verwenden:

	p_W[kN/m²]		v [m/s]
Watt- und Küstenfahrt	0,3	≈8 Bft.	19,4
Kleine Fahrt	0,6	≈10 Bft.	27,4
Mittlere und Große Fahrt	1,0	≈12 Bft.	35,4

$A_L \cdot f(\varphi)$ = Wind – Angriffsfläche:

A_L = Überwasser – Lateralfläche des ungekrängten Schiffes

$f(\varphi)$ = Abminderungsfunktion bei Krängung 0°....90°

$f(\varphi) \sim \cos\varphi$ Abminderungsfunktion für den Bordbetrieb

$f(\varphi) \sim (0{,}25 + 0{,}75\cos^3\varphi)$ Abminderungsfunktion für Werften

$\left(l_W + \frac{T}{2}\right)$ = Hebelarm zwischen dem Windangriffspunkt und der Reaktionskraft im Wasser

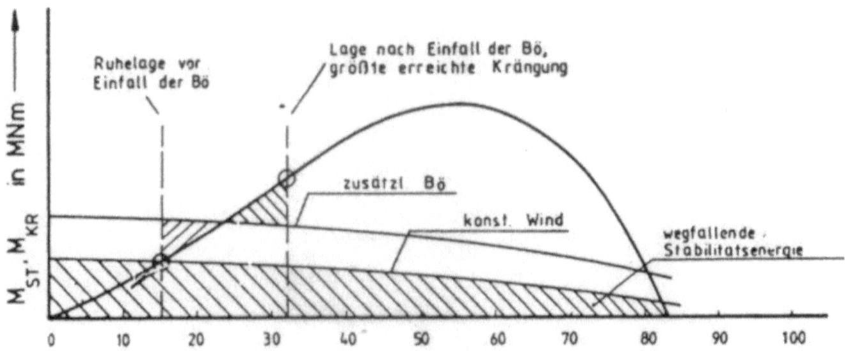

Hebelarmkurve mit konstanter Windlast und Boe

7.4.b IMO – Wetterkriterium

Das IMO Wetterkriterium berücksichtigt die kombinierte Wirkung von stetigem Wind und Rollen. Der Wind greift dabei rechtwinklig zur Schiffsmittelachse an und wird durch den Winddruck einer Bö zusätzlich verstärkt. Hierzu werden krängende Hebelarme ermittelt und für das Rollen ein maximaler Rollwinkel bestimmt. Unter diesen Bedingungen muss die Fläche B größergleich der Fläche A sein. Das Verfahren beruht auf einer Energiebilanz, idealisiert durch die Fläche unter der Hebelarmkurve.

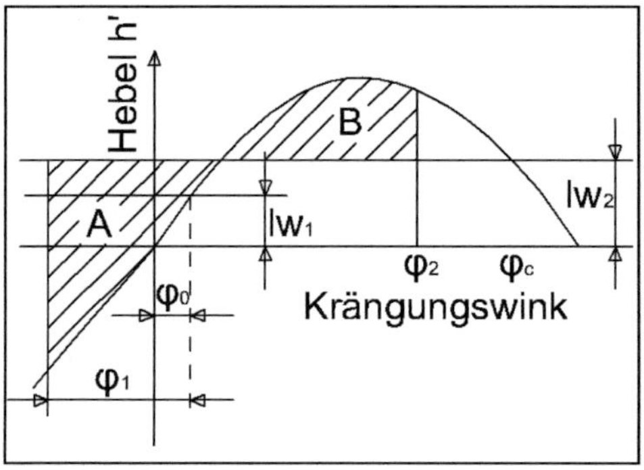

φ_0 = Krängungwinkel aus stetigem Wind

φ_1 = Rollwinkel

φ_2 = Winkel, bei dem nicht wetterfest zu schließende Öffnungen geflutet werden

lw_1 = konst. krängender Hebel aus stetigem Wind

lw_2 = konst. krängender Hebel aus Bö

Krängende Hebelarme aus dem Winddruck

Die krängenden Hebelarme berechnen sich wie folgt:

Für stetigen Wind $lw_1 = \frac{p \cdot A \cdot z}{1000 \cdot Depl \cdot g}$ [m]

Für eine Bö $lw_2 = 1{,}5 \cdot lw_1$ [m]

Hierbei sind:

- p = 504 N/m² Winddruck
- A = projizierte Lateralfläche des Schiffes incl. Decksladung oberhalb WL
- z = Hebelarm des Windmoments (Überwasserangriffspunkt ←→ T/2)

Rollwinkel

Der Rollwinkel φ_1 wird wie folgt berechnet: $\varphi_1 = 109 \cdot k \cdot x_1 \cdot x_2 \cdot \sqrt{r \cdot s}$ [°]

Hierbei sind:

- x_1 = Faktor gemäß IMO-Tabelle[1] 3.2.2.3-1, abhängig von B/T
- x_2 = Faktor gemäß IMO-Tabelle[1] 3.2.2.3-2, abhängig von cB
- k = Faktor gemäß IMO-Tabelle[1] 3.2.2.3-3, abhängig von Kimmradius und Fläche der Stabilisatoren (Schlingerkiel, Ballastkiel)
- r = $0{,}73 + 0{,}6 \cdot OG/T$, mit OG = Abstand zwischen KG` und T_{wl}
- s = Faktor gemäß IMO-Tabelle[1] 3.2.2.3-4, abhängig von der Rollperiode T des Schiffes

[1] Tabellen unter: http://www.imo.org/blast/blastDataHelper.asp?data_id=22598&filename=A749(18)E.pdf

Windstärke nach Beaufort	Bezeichnung des Windes	Windgeschwindigkeit in m/s	Seegang nach Seegangsskala	Ungefähre mittlere Wellenhöhe in m	Ungefähre mittlere Wellenlänge in m
0	Windstille	0,0... 0,2	0	-	-
1	leiser Zug	0,3... 1,5	1	0 0,5	0 ...10
2 3	leichte Brise schwache Brise	1,6... 3,3 3,4... 5,4	2	0,5 ...0,75	10 ...12,5
4	mäßige Brise	5,5... 7,9	3	0,75...1,25	12,5...22,5
5	frische Brise	8,0...10,7	4	1,25...2,0	22,5...37,5
6	starker Wind	10,8...13,8	5	2,0 ...3,5	37,5...60,0
7	steifer Wind	13,9...17,1	6	3,5 ...6,0	60,0..105,0
8 9	stürmischer Wind Sturm	17,2...20,7 20,8...24,4	7	> 6,0	> 105,0
10	schwerer Sturm	24,5...28,3	8	Höhe kann bis 20 m wachsen	Länge kann bis 600 m wachsen
11 12	orkanartiger Sturm Orkan	28,5...32,7 > 32,7	9		

7.5. Drehkreis – Hebel

Der krängende Hebel beim Durchfahren eines Drehkreises mit dem Radius „ r “ und der mittleren Drehkreisgeschwindigkeit v_D [m/s] beträgt:

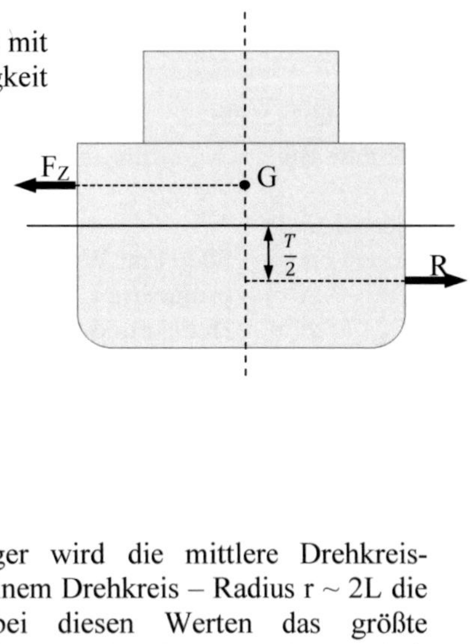

$$h_D = \frac{F_Z \cdot z_D}{Depl.} = \frac{Depl \cdot v_D^2}{r \cdot 9{,}81_{[kN/t]} \cdot Depl.} \cdot \left(KG - \frac{T}{2}\right) * \cos\varphi$$

mit v_D [m/s] = Geschwindigkeit im Drehkreis

$$F_{Z_{[t]}} = \frac{Depl \cdot v_D^2}{r \cdot 9{,}81_{[kN/t]}} \quad \text{Zentrifugalkraft}$$

$$z_D = \left(KG - \frac{T}{2}\right) \cdot \cos\varphi \quad \text{Drehkreis-Hebelarm}$$

Je enger der Drehkreis gefahren wird, desto geringer wird die mittlere Drehkreisgeschwindigkeit v_D. Man weiß aus Versuchen, dass bei einem Drehkreis – Radius r ~ 2L die Drehkreisgeschwindigkeit $v_D = 0{,}65 \cdot v_0$ beträgt und bei diesen Werten das größte Krängungsmoment auftritt. Vernachlässigt man ferner die Krängung (cos φ = 1), so erhält man:

$$h_D \sim 0{,}02 \cdot \frac{v_0^2}{L} \cdot \left(KG - \frac{T}{2}\right) \quad \text{SBG 3.2.4 mit } v_o \text{ [m/s]}$$

7.6. Fahrgast – Hebel

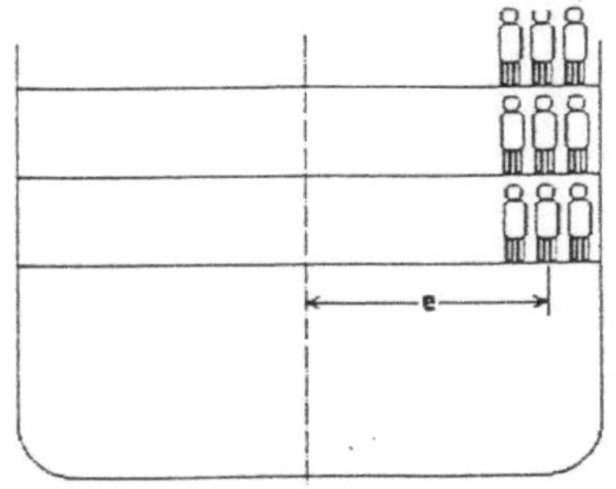

Personenmoment $= Anzahl \cdot m_P \cdot e \cdot \cos\varphi$

$$e = \frac{B-b}{2} \qquad b = \frac{0{,}25(m^2/P) \cdot Anzahl}{\sum l}$$

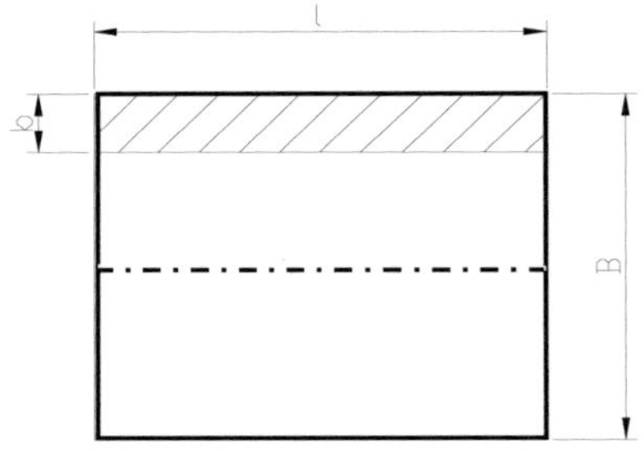

$$h_P = \frac{Anzahl \cdot m_P \cdot \cos\varphi}{Depl} \cdot \left(\frac{B}{2} - \frac{Anzahl}{8 \sum l} \right)$$

mit Anzahl = Anzahl der Fahrgäste

m_P = Masse eines Passagiers einschließlich Gepäck (Tagesverkehr 80kg, sons. Verkehr 100kg)

e = seitlicher Hebel durch Zusammendrängen der Fahrgäste (4 Pers/m² Freifläche, 0,50m Banklänge/Pers.)

Der Krängungswinkel darf folgende Werte nicht überschreiten! (SBG 3.2.4)

10° Fahrgast
12° Fahrgast + Drehkreis
12° Wind

Ferner muss 20 cm Restfreibord bleiben => $\varphi_{max} = \arctan\left(\frac{H-T-0{,}2}{B/2}\right)$

7.8. Trossenzug – Hebel

Damit ein Schlepper gut manövrieren kann, muss der Abstand zwischen Schlepphaken und Steuerorgan möglichst groß sein.

Dabei werden 2 Typen unterschieden:

1. ASD - Schlepper (Ruder hinten, Schlepphaken Schiffsmitte)
2. Traktor - Schlepper (Schlepphaken hinten, Antrieb vorn)

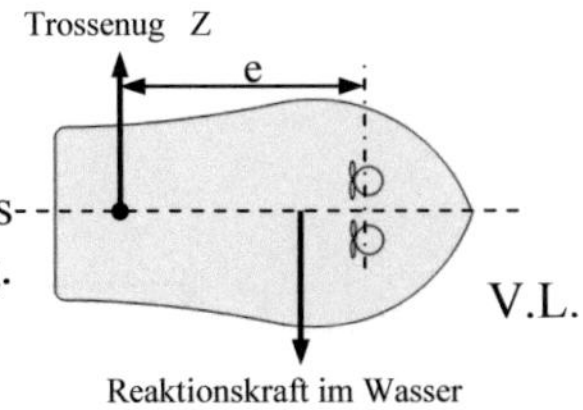

Tractor-Schlepper (Voith-S. oder Schottel)

Der Traktor - Schlepper ist relativ kentersicher, denn im Falle eines (ungewollten) Querzuges dreht er automatisch in Trossenrichtung. Durch dieses „Ausweichmanöver" bildet sich nur ein kleines Krängungsmoment.

Der konventionelle Schlepper hingegen ist bei Querzug stark stabilitätsgefährdet. Der Trossenzug und die Reaktionskraft des Wassers wirken in einer Spantebene. Das Schiff wird quer durch das Wasser geschleppt.

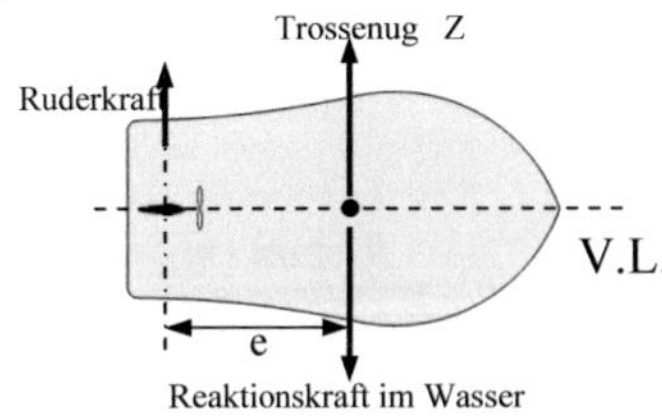

Konventioneller Schlepper

Der krängende Hebelarm bei Querzug beträgt:

$$h_Z = \frac{Z \cdot \left(z_H - \frac{T}{2} \right) \cdot \cos\varphi}{Depl} \qquad \text{mit} \quad Z_{[t]} = c \cdot \frac{\rho}{2} v_q^2 \frac{L \cdot T}{9{,}81_{[kN/t]}}$$

mit:
- Z = Querzug – Trossenkraft in [t]
- z_H = Höhe des Schlepphakens über OKK
- T/2 = Angriffspunkt der Wasserreaktionskraft
- L·T = Lateralfläche unter Wasser
- c = Widerstandbeiwert quer (~ 1,1)
- v_q = Geschwindigkeit bei Querzug [m / s]

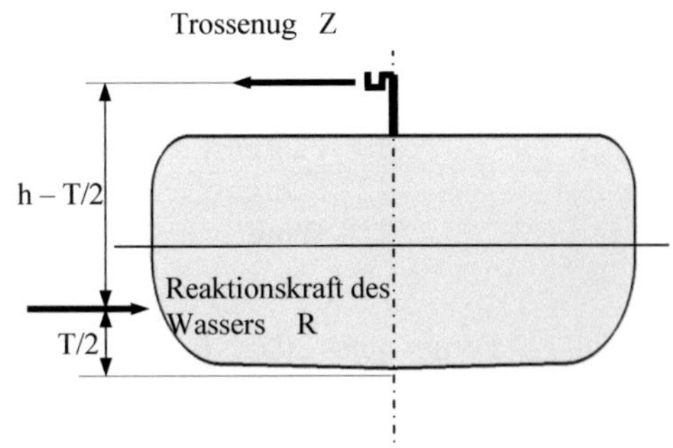

8. Sicherheit gegen Kentern

8.1. Krängungswinkel und Kenterwinkel

Zur Beurteilung der Kentersicherheit in einem bestimmten Beladungszustand muss man das krängende Moment dem aufrichtenden Moment gegenüberstellen. Schiffbauer machen das üblicherweise in normierter Form, indem sie statt der Momente, den krängenden und aufrichtenden Hebelarm gegenüberstellen.

$$h_{\hat{a}uf} = \frac{M_{auf}}{Depl} \qquad GM_{\varphi} = \frac{\partial h}{\partial \varphi} \qquad A = \frac{E}{\rho g \nabla} = \frac{\rho g \nabla \int h d\varphi}{\rho g \nabla}$$

Der krängende und aufrichtende Hebel werden im Hebelarm-Diagramm $h = f_{(\varphi)}$ aufgetragen. Aus der Hebelarmkurve ist folgendes zu erkennen:

a) Der statische Krängungswinkel

- Der statische Krängungswinkel „φ_S" ergibt sich aus dem Schnittpunkt zwischen krängenden und aufrichtenden Hebelarm.
- Die Schwimmlage ist stabil, wenn im Gleichgewichtspunkt die Steigung der „h_{Auf}" – Kurve größer ist als die der „h_{Kr}" – Kurve.

1) Gleichgewicht $\quad h_{Auf} - h_{Kr} = 0$

2) stabil (wenn die Steigung des aufrichtenden Hebels steiler ist)

$$GM_{\varphi s} = \frac{dh_{Auf}}{d\varphi_S} - \frac{dh_{Kr}}{d\varphi_S} \overset{!}{>} 0$$

⇨ φ_S = stat. Krängungswinkel

b) Der statische Kenterwinkel φ_{KS}

Der statische Kenterwinkel ist der Grenzwert der Krängung, bei dem das Gleichgewicht von stabil auf labil umschlägt.

$$\left.\begin{aligned} & h_{Auf} - h_{Kr} = 0 \\ & GM_{\varphi KS} = \frac{dh_{Auf}}{d\varphi_{KS}} - \frac{dh_{Kr}}{d\varphi_{KS}} \overset{!}{=} 0 \end{aligned}\right\} \Rightarrow \varphi_{KS} = \text{stat. Kenterwinkel}$$

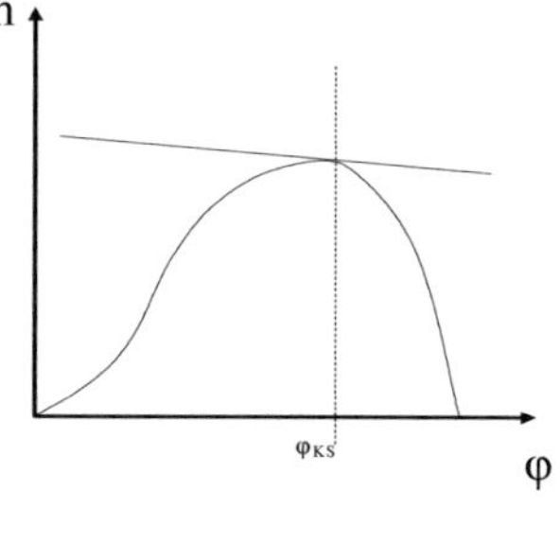

Der statische Kenterwinkel φ_{KS} stellt sich ein, wenn der krängende Hebelarm und der aufrichtende Hebelarm gleich sind und beide die gleiche Tangentensteigung haben.

Dieser Winkel φ_{KS} ist der „point of no return" bei statischem Gleichgewicht.
Jenseits des Winkels φ_{KS} gibt es kein stabiles Gleichgewicht mehr, da die aufrichtende Hebelarmkurve steiler abfällt als die krängende Hebelarmkurve.

Spezialfall: Wenn $h_{Kr} = f_{(\varphi)}$ eine Konstante ist, entspricht der statische Kenterwinkel dem Maximum der aufrichtenden Hebelarm – Kurve:

$$h_{KR} = const. \Rightarrow GM_{\varphi KS} = \frac{dh_{Auf}}{d\varphi_S} - \frac{dh_{Kr}}{d\varphi_S} = 0 \quad \left(\frac{dh_{Kr}}{d\varphi_S} \to 0\right)$$

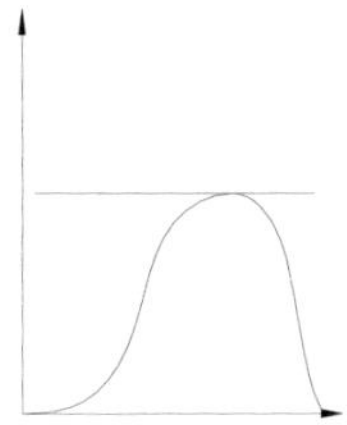

$$h_{Kr} = const. \Rightarrow \varphi_{KS} \text{ beim Maximum der Hebelarmkurve}$$

c) <u>Der dynamische Krängungswinkel φ_{dyn}</u>

Der dynamische Krängungswinkel φ_{dyn} ist derjenige Winkel, der sich einstellt, wenn die Krängungsarbeit und die aufrichtende Arbeit gleich sind.

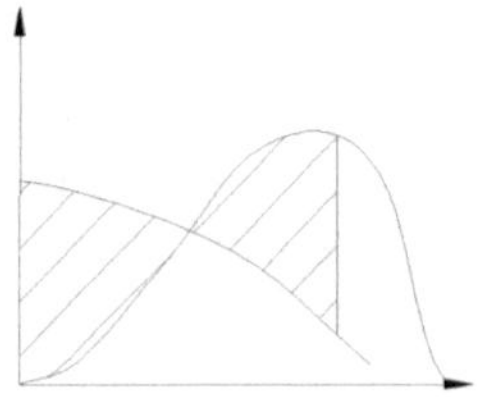

$$\int_o^{\varphi dyn} h_{auf}\, d\varphi - \int_o^{\varphi dyn} h_{Kr}\, d\varphi = 0$$

$$\Rightarrow \quad \varphi_{dyn} = dyn.\ Krängungswinkel, \qquad h_{auf} - h_{Kr} > 0$$

Die Flächen unter der aufrichtenden und krängenden Hebelarmkurve müssen gleich groß sein. Dann ist der max. Krängungswinkel φ_{dyn} erreicht.
Spezialfall:

Bei kleinem Winkel gilt:
h_{Kr} = const. ($\Rightarrow$ Gerade)
$h_{auf} = GM_0 \sin\varphi + h_Z \sim GM_0\, \varphi$ ($\Rightarrow$ Gerade)
$\Rightarrow \varphi_{dyn} \sim 2\varphi_S$
(gleiche Flächen zwischen den Kurven)

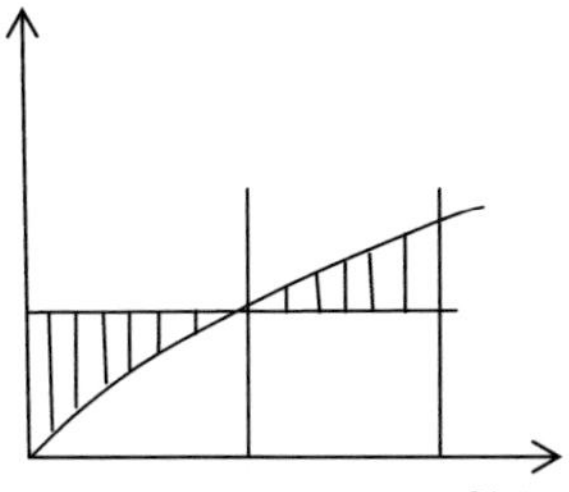

d) <u>Der dynamische Kenterwinkel $\varphi_{K_{Dyn}}$</u>

Der dyn. Kenterwinkel ist der Grenzwinkel φ_{Kdyn}, bei dem
- die aufrichtende Arbeit und Krängungsarbeit gleich sind und
- der aufrichtende und krängende Hebel gleich sind

$$\left.\begin{array}{l} \int_o^{\varphi_{Krdyn}} h_{auf}\, d\varphi_{K_{Dyn}} - \int_o^{\varphi_{Krdyn}} h_{Kr}\, d\varphi_{K_{Dyn}} = 0 \\ h_{auf} - h_{Kr} = 0 \end{array}\right\} \Rightarrow \varphi_{K_{Dyn}} = dyn.\ Kenterwinkel$$

Der Winkel φ_{KDyn} stellt sich ein, wenn die Flächen unter der aufrichtenden und krängenden Hebelarmkurve gleich sind und die Hebel ebenfalls gleich sind. Der Winkel φ_{KDyn} ist der „Point of no Return“ bei dynamischen Gleichgewicht.
Jenseits von φ_{KDyn} kommt mehr Krängungsarbeit als aufrichtende Arbeit hinzu, daher gibt es kein Gleichgewicht mehr bei Überschreitung von φ_{KDyn}.

Zusammenfassung Krängungs- und Kenterpunkte:

- Stat. Krängungswinkel

$$\left.\begin{array}{l} h_{aufr} - h_{Kr} = 0 \\ C_{\varphi s} = \dfrac{dh_{auf}}{d\varphi_S} - \dfrac{dh_{Kr}}{d\varphi_S} \overset{!}{>} 0 \end{array}\right\} \varphi_S$$

- Stat. Kenterwinkel

$$\left.\begin{array}{l} h_{aufr} - h_{Kr} = 0 \\ C_{\varphi KS} = \dfrac{dh_{aufr}}{d\varphi_S} - \dfrac{dh_{Kr}}{d\varphi_S} \overset{!}{=} 0 \end{array}\right\} \varphi_{KS}$$

- Dyn. Krängungswinkel

$$\left.\begin{array}{l} h_{aufr} - h_{Kr} > 0 \\ \int_o^{\varphi dyn} h_{aufr}\, d\varphi - \int_o^{\varphi dyn} h_{Kr}\, d\varphi = 0 \end{array}\right\} \varphi_{dyn}$$

- Dyn. Kenterwinkel

$$\left.\begin{array}{l} h_{aufr} - h_{Kr} = 0 \\ \int_o^{\varphi Kdyn} h_{aufr}\, d\varphi_{Kdyn} - \int_o^{\varphi Kdyn} h_{Kr}\, d\varphi_{Kdyn} = 0 \end{array}\right\} \varphi_{Kdyn}$$

8.2. Das empirische Sicherheitsniveau

Eine absolute Sicherheit gegen Kentern gibt es nicht, sondern nur ein relatives „Sicherheitsniveau", an das wir uns gewöhnt haben (ähnlich wie mit der Sicherheit im Leckfall). Dies hat mehrere Ursachen:

- unbekannte äußere Belastung: die äußeren Belastungen (Seegang und „Wasser an Deck") entziehen sich einer exakten Bewertung. Dasselbe gilt für den Bewegungsverlauf des rollenden Schiffs (Resonanz)

- Verrutschen der Ladung: durch die Rollbewegung besteht erhebliche Gefahr der Ladungsverschiebung, was in sehr vielen Fällen Ursache des Kenterns ist.

- Weiterflutung: ab einem bestimmten Krängungswinkel kommen Öffnungen zu Wasser und es findet Weiterflutung statt. Die dadurch entstehenden „freien Oberflächen" wirken stabilitätsmindernd.

Da das krängende Moment im Seegang nicht exakt erfassbar ist, beschränkt man sich auf die Beurteilung der aufrichtenden Momente und Energien und fordert kritische Mindestwerte für:

GM_0
h (z.B. $h_{30°}$)
A (z.B. $A_{30°}$, $A_{40°}$, $A_{30\text{-}40°}$)

Ferner werden häufig der Umfang und die Lage des max. Hebelarms (als statischer Kenterpunkt) gefordert.

8.3. Historischer Überblick

280 v.C.	Archimedes
1747	Bogner weist nach, dass für ein stabiles Gleichgewicht das Metazentrum (Schnittpunkt zweier benachbarter Auftriebsvektoren) über dem Gewichtsschwerpunkt liegen muss.
1798	Atwood berechnet das aufrichtende Moment bei verschiedenen Neigungen mit Hilfe der ein- und austauchenden Keilstücke
1870	Das engl. Panzerschiff „Captain“ kentert infolge starken Winddrucks, während das Schwesterschiff „Monarch“ trotz schlechterem GM denselben Sturm übersteht. Ursache sind die größeren Aufbauten und der bessere Hebelarmumfang der „Monarch“. Ab diesem Zeitpunkt werden Mindestforderungen an Hebelarm und Umfang gestellt
1939	Rahola-Kriterien

8.4. Das Rahola-Kriterium

1939 machte Rahola umfangreiche Stabilitätsuntersuchungen über eingetretene Kenterfälle. Er klassifizierte die Kenterfälle in 3 Klassen, wobei er sich auf Gutachten und Seeamts- Beurteilungen stützt:

- nicht ausreichende Intakt-Stabilität
- kritische Intakt-Stabilität
- ausreichende Stabilität (andere Kenterursachen: Weiterflutung, verrutschte Ladung)

Ferner berechnet er für jeden Kenterfall die aufrichtenden Hebelarme bei 15°/ 20°/ 30°/ 40°. Anschließend wurde ein Diagramm erstellt, bei dem die „nicht ausreichende“ und „kritische“ Stabilität nach links, „ausreichende“ Stabilität hingegen nach rechts abgetragen wurden.

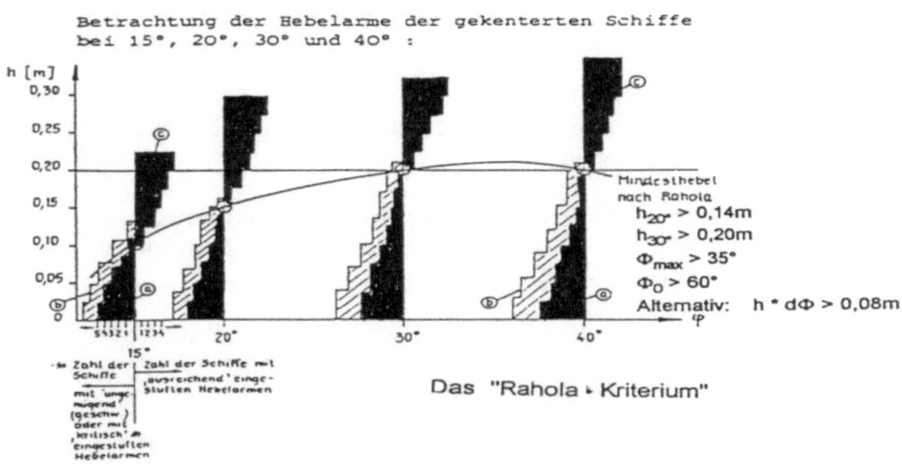

Die „Einhüllende“ der nicht ausreichenden und kritischen Fälle forderte Rahola als neuen Mindeststandard:

$h_{20°} > 0{,}14$

$h_{30°} > 0{,}20$

$\varphi_{max} > 0{,}35°$

$Umfang > 60°$

$A_{40°} > 0{,}08m$

Obwohl die Methode unwissenschaftlich ist (Gutachtermeinungen sind subjektiv), fand das Rahola – Kriterium viel Zustimmung und spielte bei der Formulierung der IMO- und deutschen Stabilitätsanforderungen eine wesentliche Rolle.

8.5. Hebelarmkurven im Seegang

Normalerweise werden Stabilitätsbetrachtungen auf glattes Wasser bezogen. Der Einfluss des Seegangs wird durch einen Sicherheitszuschlag auf die Glattwasserstabilität berücksichtigt. Der Seegang wirkt sich wie folgt aus:

Seegang von der Seite	Die schräge WL löst ein krängendes Moment aus Wasser an Deck löst ein krängendes Moment aus Durch die Orbitalbewegung des Wassers kommt es zu dyn. Beschleunigungen
Seegang von achtern	Das Breitenträgheitsmoment der Wasserlinie nimmt auf dem Wellenberg ab und im Wellental zu. Ursache ist die ausfallende Spantform. Der Effekt ist besonders wirksam, wenn Schiffslänge und Wellenlänge gleich groß sind

Das unterschiedliche Trägheitsmoment im Zustand „Wellental“ und „Wellenberg“ führt zu erheblichen Schwankungen der aufrichtenden Hebelarme. Am größten sind diese Schwankungen bei schlanken Schiffen mit stark ausfallender Spantform, z.B. schnelle RoRo – Schiffe. Am gefährlichsten ist dabei schräg achterlicher Seegang, da der stabilitätsmäßig kritische Zustand „Schiff auf Wellenberg“ infolge der langen Begegnungsperiode besonders lang anhält.

Für Schiffe mit extrem ausfallender Spantform werden häufig Glattwasser – und Seegangspantokarene von der Werft geliefert. Dabei wird als Wasserlinie eine trochoidenförmige Welle mit Wellenlänge = Schiffslänge angenommen.
Mit Hilfe der Seegangspantokarene können die Hebelarmkurven im Zustand „Wellenberg“ und „Wellental“ genau berechnet werden.

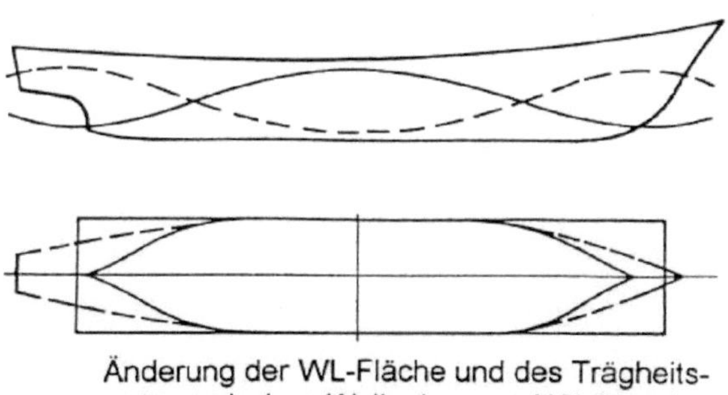

Änderung der WL-Fläche und des Trägheitsmomentes zwischen Wellenberg und Wellental

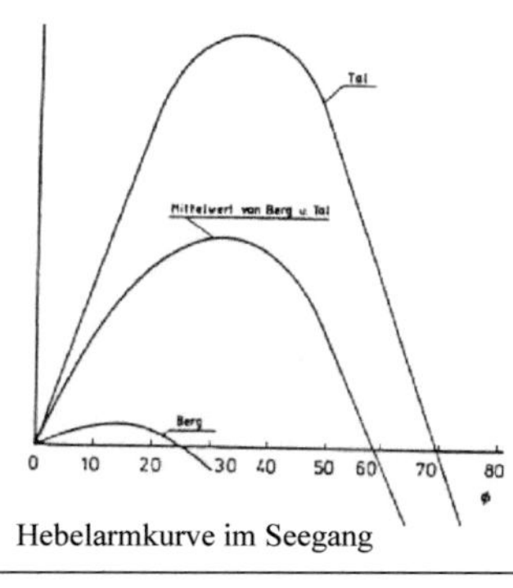

Hebelarmkurve im Seegang

9. Docken, Grundberührung, Stapellauf

9.1. Docken (linienförmiges Auflager)

a) Allgemein

Im Folgenden wird die Stabilität eines Schiffes untersucht, das nur auf einer einzigen Reihe Dockpallen steht. Es ergibt sich ein linienförmiges Auflager auf den Mittelpallen. Bei fallendem Wasserstand nimmt der Auftrieb (=ρ∇) ab, stattdessen wirkt eine Restkraft „R“ an den Dockpallen. Gesucht wird der kritische Wasserstand, bei dem die Stabilität des Schiffes labil wird, so dass es seitlich abgestützt werden muss.

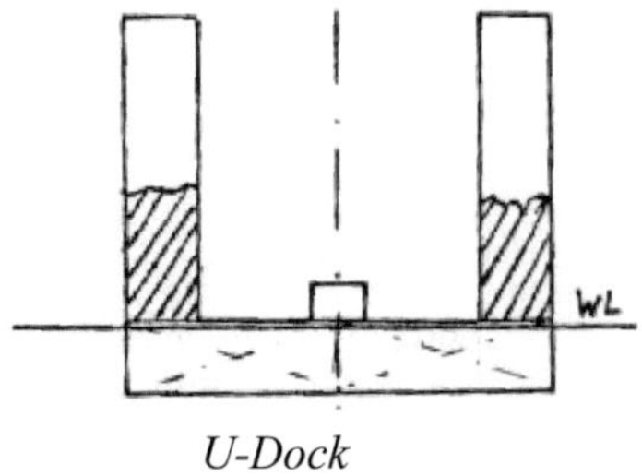

n

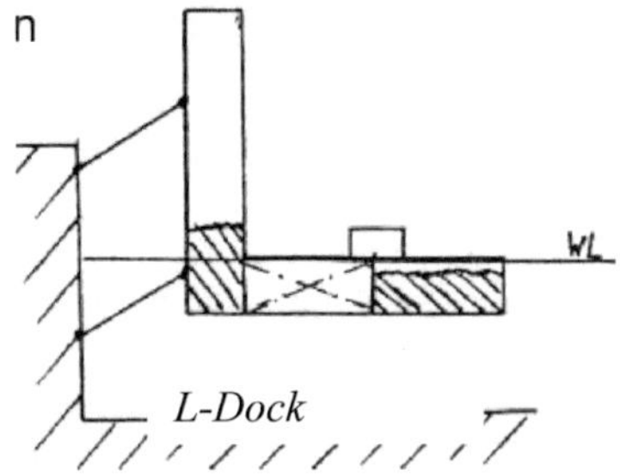

Depl. = Schiffsmasse [t]
ρ∇ = Auftrieb [t]
R = Restkraft der Dockpallen [t]

b) Gleichgewichtsbedingungen

⇒ $\sum F_Z = 0$

⇒ $R + \rho\nabla - Depl. = 0$

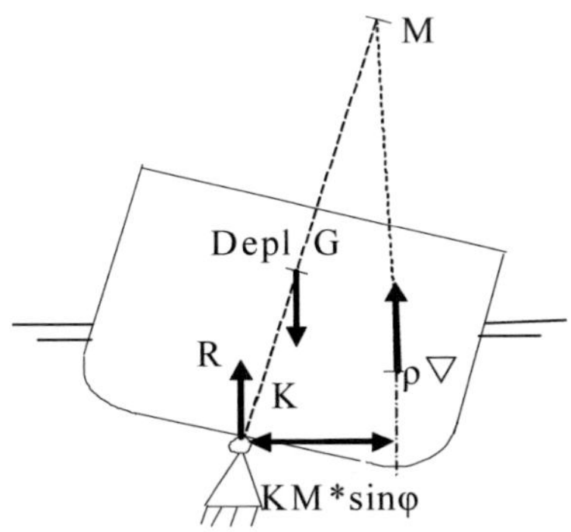

Es wird die Drehung um das Auflager (Kielpunkt K) betrachtet. Die Schwimmlage ist indifferent (Grenzfall zu labil), wenn die Summe der aufrichtenden und krängenden Momente um das Auflager gleich „0“ ist.

Drehung um „K“: $\sum M_{auf} - \sum M_{Kr} = 0$ → indifferent

⇨ $R * 0 + \rho\nabla_E * [KM * \sin\varphi] - Depl * [KG * \sin\varphi] = 0$ → indifferent

⇨ $\rho\nabla_E * \left[KM - \underbrace{\frac{Depl}{\rho\nabla_E} KG}_{KG^*}\right] = 0$

Die Strecke $KG^* = \frac{Depl.}{\rho\nabla_E} * KG$ ist ein virtuell erhöhter Gewichtsschwerpunkt beim Docken. Für diese virtuelle Erhöhung des Gewichtsschwerpunktes ist die Restkraft bzw. die Abnahme der Verdrängung verantwortlich.

Der Faktor $\frac{Depl.}{\rho\nabla_E}$ liegt im Zahlenraum „1(Freifahrt) ..... ∞ (Trockenfallen)".
Die Schwimmlage ist stabil, solange GM* = KM – KG*=$KM - \frac{Depl.}{\rho\nabla_E} * KG > 0$ ist.
Spätestens bei GM*=0 ist eine seitliche Abstützung erforderlich.

c) Darstellung im Kurvenblatt

Vom Schiff sind folgende Werte bekannt: Depl., KG, tiefgangsabhängige $\nabla_{(T)}$.

Wenn man die Kurve $KG^* = KG_{Solid}\frac{Depl}{\rho\nabla}$ im Kurvenblatt einzeichnet, so ergibt sich der „kritische Tiefgang", bei dem das Gleichgewicht labil wird, aus dem Schnittpunkt zwischen der KG^* - Linie und der KM – Linie.
Begründung: Im Schnittpunkt ist $GM^*=KM-KG^*=0$

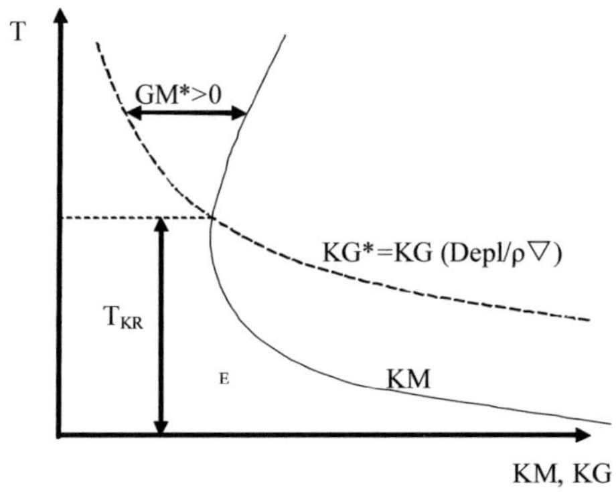

9.2. Krängung bei seitlicher Grundberührung

Gleichgewichtsbedingungen:

$$\sum F_Z = 0 \Rightarrow R + \rho\nabla_E - Depl_0 = 0$$

$\Sigma M_T = 0$ => Es wird die Drehung des Schiffes um den Auflagerpunkt betrachtet.

$$R \cdot 0 + \rho\nabla_E(y\cos\varphi + w) - Depl_0(y\cos\varphi + KG_0\sin\varphi) = 0$$

$$\rho\nabla_E\frac{w}{\cos(\varphi)} - Depl_0 KG_0\tan(\varphi) = -\rho\nabla_E \cdot y + Depl_0 \cdot y$$

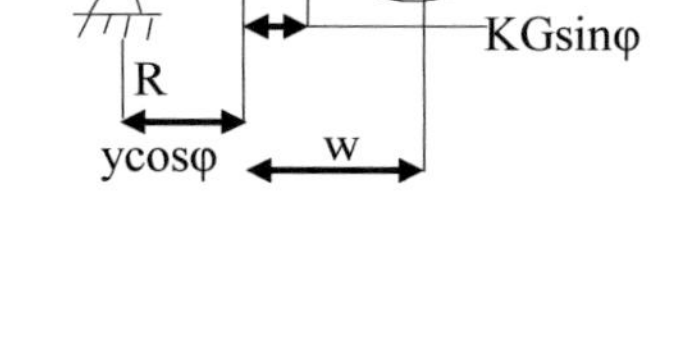

Bei kleinen Winkeln gilt: $h_Z = w - KM\sin\varphi \sim 0$ ⇒w=KM· sinφ; tanφ~sinφ

$$=> y = \frac{\tan\varphi \cdot (\rho\nabla_E KM - Depl_0 \cdot KG)}{Depl_0 - \rho\nabla_E}$$

9.3. Trimm bei Grundberührung im Vorschiff

Geg: Tiefgänge T_{HL}, T_{VL} vor und nach Grundberührung, FKB

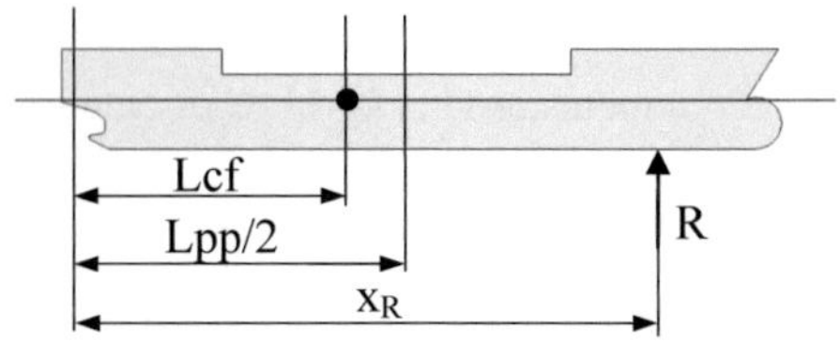

a) allgemein gilt: $\Delta T = T_{HL} - T_{VL}$

$$T_{Lcf} = \frac{T_{HL} + T_{VL}}{2} + (Lpp/2 - Lcf) \cdot \underbrace{\frac{\Delta T}{Lpp}}_{\tan\varphi}$$

Damit können Trimm, mittlere Tiefgänge und Deplacement vor und nach der Grundberührung berechnet werden.

b) Summe der Vertikalkräfte = 0 => $R = Depl_0 - \rho \cdot \Delta$

c) Summe der Längsmomente = 0 (hier werden nur Änderungen betrachtet)

$dM_{auf} = MCT_E \cdot (\Delta T_E - \Delta T_0)$

$dM_{Tr} = R \cdot (x_R - Lcf_E)$

$$\Rightarrow Auflagerpunkt: x_R = \frac{MCT_E \cdot (\Delta T_E - \Delta T_0)}{Depl_0 - Depl_E} + Lcf_E$$

9.4. Stapellauf allgemein

a) Der Längsablauf (allgemein)

Während der Bauphase ruht das Schiff auf den Pallhölzern. Die Pallhölzer haben ca. 1,5m Höhe über der Helgensohle, so dass man unter ihnen arbeiten kann. Die Bahnneigung liegt bei ca. 2,5° .

Wenn das Schiff stapellaufbereit ist, beginnt man mit dem Bau von Ablaufbahn und Schlitten (wenige Tage vor Stapellauf, damit das Fett nicht durch das Schiffsgewicht rausgedrückt wird). Üblich sind 2 oder 3 Ablaufbahnen.

Die Ablaufbahnen beginnen am VL und reichen bis tief ins Wasser hinein. Die Schlittenlänge beträgt ca. 80% der Schiffslänge.

Die Übergabe des Schiffsgewichts von den Pallhölzern auf den Schlitten erfolgt entweder durch Eintreiben der Schlittenkeile oder durch hydr. Absenken der Stapel.
Die Schlitten müssen durch kräftige Stopper gesichert werden, um einen vorzeitigen Ablauf zu vermeiden.

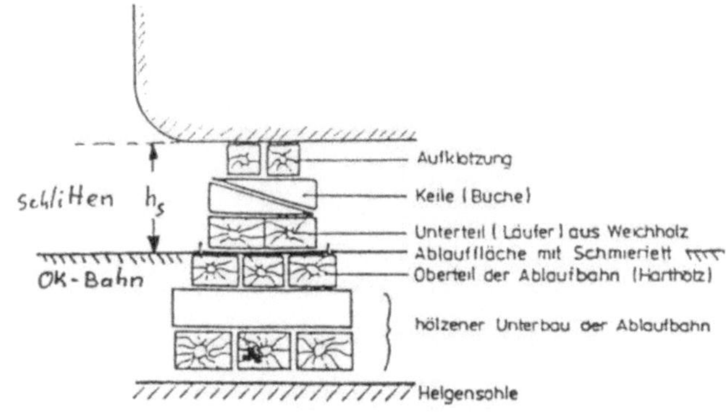

Beim Ablauf werden 3 Phasen unterschieden:

1. Phase Vorlauf bis Aufdrehen (das Schiff bleibt parallel zur Bahn)
2. Phase Aufdrehen bis Freischwimmen (nur VKS berührt die Bahn)
3. Phase Freischwimmen bis Stoppen

Gefahren beim Stapellauf

- Das Schiff läuft nicht an (Anfang 1. Phase)
- Das Schiff kippt um HKB (1. Phase)
- Das Schiff dumpt mit dem Bug auf HKB oder Grund (Übergang 2. / 3. Phase)
- Das Schiff kentert (3. Phase)

b) <u>Nomenklatur</u>

Der Bezugspunkt ist VKS (Vorderkante Schlitten)

- l_S Schlittenlänge
- b_S Schlittenbreite (aller tragenden Bahnen)
- h_S Schlittenhöhe (OK Bahn bis Schiffskiel)
- l_B Länge der Bahn (Strecke VKSRuhelage-HKB)
- Δl_h Abstand zwischen HL und Hinterkante Schlitten
- lcb Schwerpunkt des Auftriebs ($\rho\nabla$) ab HL
- lcg Schwerpunkt des Gewichts ab HL
- x_B Auftriebsschwerpunkt ab VKS
- x_G Gewichtsschwerpunkt ab VKS
- Δw Höhe des Wasserstandes über HKB
- α Bahnneigung
- x Ablaufweg

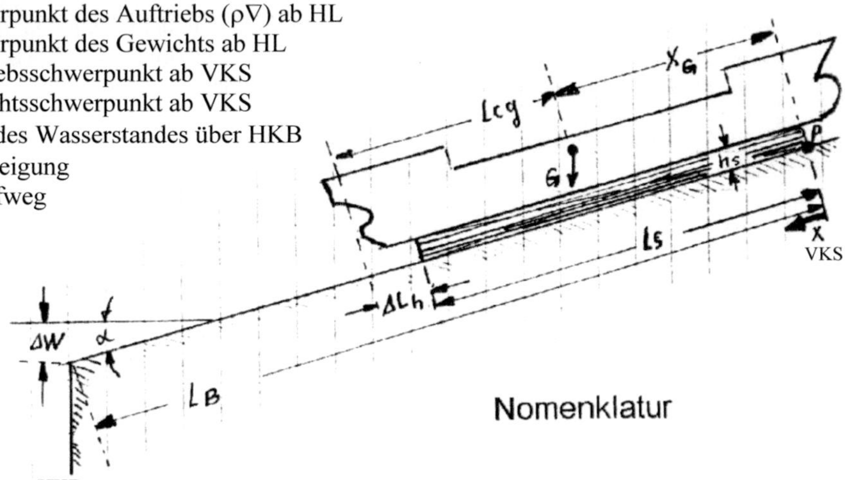

Folgende Größen lassen sich ermitteln:

Abstand zwischen Schwerpunkt und VKS:

$$x_G = l_S + \Delta l_h - lcg$$
$$x_B = l_S + \Delta l_h - lcb$$

9.5. Kräfte- und Momentenbilanz

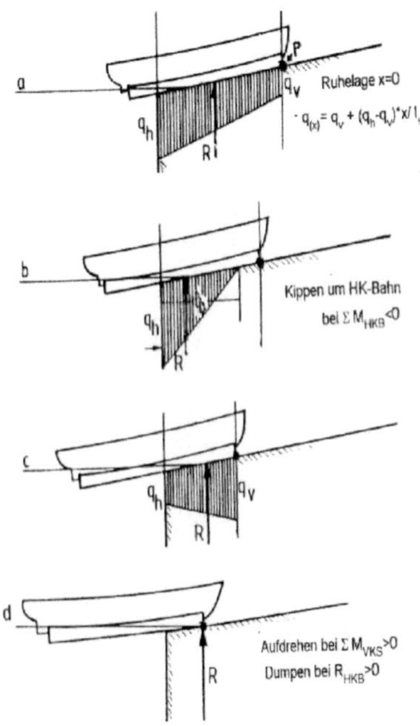

Auf das Schiff wirken folgende Kräfte:

- Gewichtskraft Depl. [t] mit Angriffspunkt lcg
- Auftrieb $\rho\nabla$ mit Angriffspunkt lcb
- resultierende Schlittenkraft R(x)

Daher gilt:

$\Sigma F_Z = 0 \quad \Rightarrow \text{Depl.} - \rho\cdot\nabla - R \quad = 0$

$\Sigma M_{VKS} = 0 \Rightarrow \text{Depl}\cdot x_G - \rho\cdot\nabla\cdot x_B - R\cdot x_R = 0$

- Gewicht und Schwerpunkt bleiben während des gesamten Ablaufs konstant
- Auftrieb und Auftriebsschwerpunkt sind in der ersten Phase bis zum Aufdrehen „mit Zwangstrimm parallel zur Bahn“ zu rechnen ($\tan\alpha = \frac{T_{HL} - T_{VL}}{Lpp}$).

  Der Tiefgang am HL ergibt sich in Abhängigkeit vom Ablaufweg. $\Rightarrow T_{HL} = f(x_s)$

Die resultierende Restkraft R wirkt als trapezförmige Streckenlast, dessen Schwerpunkt zunächst nach hinten wandert (Gefahr Kippen um HK-Bahn) und anschließend durch zunehmenden Auftrieb wieder nach vorne geht. Beim Aufdrehen (Ende Phase 1) bleibt nur noch eine Einzelkraft bei VK-Schlitten übrig.

Auftrieb in Abhängigkeit vom Ablaufweg $\mathrm{Vol} = \int_0^L A_{Spt}\,dx$

$$q(x) = q_V + \frac{x}{l_S}(q_H - q_V) \qquad (Trapez)\ ; \qquad \text{Probe} \begin{Bmatrix} x=0 \\ x=l_s \end{Bmatrix} \Rightarrow \begin{matrix} q(x)=q_v \\ q(x)=q_h \end{matrix}$$

$$R = \int_0^{l_s} q\,dx = q_V x + \frac{x^2}{2l_S}(q_H - q_V)\Big|_0^{l_S} = \frac{q_H + q_V}{2} l_s \overset{!}{=} Depl - \rho\nabla$$

$$M_{VKS} = \int_0^{l_s} R\,dx = \frac{q_v x^2}{2} + \frac{x^3}{6l_s}(q_H - q_V)\Big|_0^{l_s} = \frac{l_S^2}{6}(2q_V + q_H) \overset{!}{=} Depl \cdot x_G - \rho\nabla \cdot x_B$$

⇨ q_H, q_V

9.6. Berechnung der einzelnen Phasen

a. Anlaufen des Schiffes aus der Ruhelage

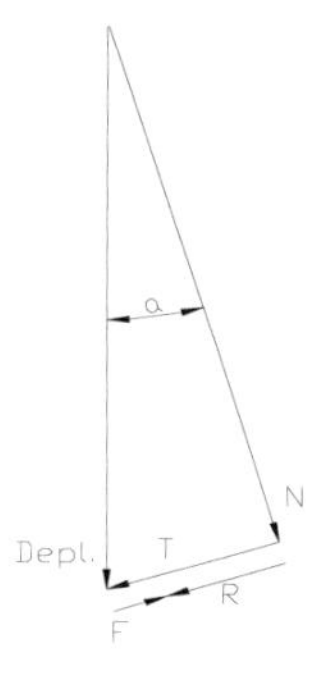

Da der Stapellauf zu einem Festtags-Termin presse-wirksam und sicher funktionieren muss, werden hydr. Pressen zur Überwindung der Haftreibung installiert.

Kräftegleichgewicht:
Das Ablaufgewicht „Depl" hat eine schiffsfeste (zur Ablaufbahn parallele) Normalkomponente N und eine tangentiale Hangkomponente T

Normalkomponente	N = Depl. cosα
Hangkomponente	T = Depl. sinα

Die Reibungskraft ergibt sich aus:
$F = \mu \cdot N = \mu \cdot \mathrm{Depl.} \cos\alpha$

Die Hangablaufkraft R_x parallel zur Bahn ergibt sich aus:

$$R_x = T - F = \mathrm{Depl}(\sin\alpha - \mu\cos\alpha) \overset{\alpha<5^\circ}{\approx} \mathrm{Depl}(\sin\alpha - \mu)$$

Der Haftreibungsbeiwert beträgt ca.

$\mu_{haft} \sim 0{,}04$ => Das Schiff läuft an ($R_x > 0$) wenn die Bahnneigung $\alpha \geq 2{,}3°$ ist.

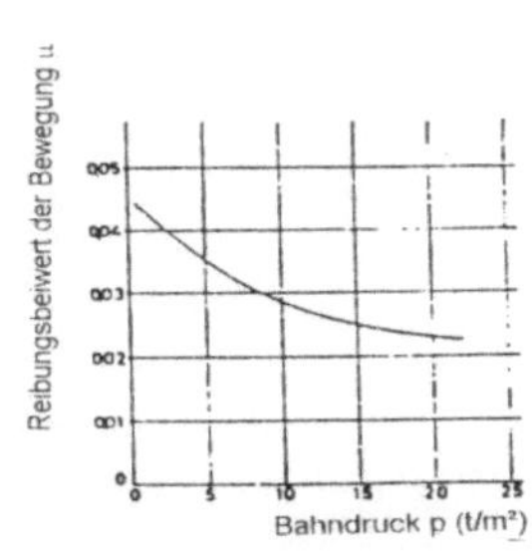

Abhängigkeit des Reibungs-Beiwertes vom Bahndruck (IfS,Skript 19A)

b. Kippen um HKB

Die Gefahr besteht, wenn das Schiff über HKB hinaus ragt und der Auftrieb noch nicht genügend groß ist. Das Schiff kippt, wenn bei einer Momentenbilanz um HKB das Gewichtsmoment größer als das Auftriebsmoment ist. In diesem Fall wird die Streckenlast zur Punktlast bei HKB.

Kriterium: $\Sigma\ \text{Momente}_{HKB} \leq 0$

$$\Rightarrow \text{Grenzfall} \quad \rho\nabla \cdot \odot_B - \text{Depl} \cdot \odot_G \leq 0 \quad \Rightarrow \quad \text{Kippen}$$

$x_B - (l_B - x_s)$ $x_G - (l_B - x_s)$ mit $(l_B - x_s)$ = Abstand VKS-HKB

Die Gefahr beim Kippen besteht in einer Verformung des Doppelbodens infolge zu hoher Kantenpressung oder einer Beschädigung von HKB.

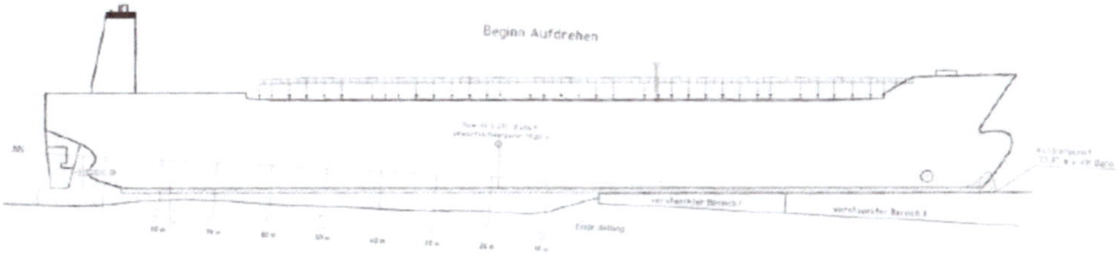

c. Aufdrehen

Das Aufdrehen ist ein gewünschter Vorgang, bei dem die Reaktionskraft des Schlittens von der Streckenlast zur Punktlast bei VKS wird.
Kriterium: $\Sigma \text{Moment}_{VKS} > 0$

$$\Rightarrow \text{Grenzfall} \quad \rho\nabla \cdot x_B - \text{Depl} \cdot x_G + R \cdot 0 \geq 0 \quad \Rightarrow \quad \text{Aufdrehen}$$

Die Gefahr beim Aufdrehen besteht in einer Verformung des Bugs infolge zu hoher Kantenpressung. Daher wird meist eine Wiege gebaut, um die Punktlast flächig zu verteilen. Die Wiege muss unter dem VP- Schott oder einem gut ausgesteiften Teil im VS stehen.

Damit ist die 1. Phase abgeschlossen.

d. Dumpen bei HKB

Wenn am Ende der Bahn immer noch eine Restkraft besteht, dann kann der Bug entweder auf HKB oder auf Grund aufschlagen. Dumpen sollte vermieden werden, muss aber nicht immer zu Schäden führen (eventuell ist ja genügend Wassertiefe vorhanden).

Kriterium bei $(l_B - x_s) = 0$ HKB =VKS =>Restkraf = $\text{Depl} - \rho\nabla \geq 0$

e. Freischwimmen und Abbremsung

Bei begrenztem Auslauf muss das Schiff abgebremst werden. Hierfür werden mitgeschleifte Betonklötze, Ketten Anker, u. a. verwendet. Die Formänderungsarbeit von festen Trossen darf nicht verwendet werden, da das Schiff anschließend wieder in Vorausrichtung beschleunigt wird. GM>0 prüfen!

f. Abhilfemaßnahmen bei Gefahr für Kippen / Dumpen

- höherer Wasserstand
- andere Gewichtsverteilung (z.B. Ballast, Weglassen des Aufbau)

9.7. Das Ablauf – Schaubild , Alternativen

Das Ablauf-Schaubild

In einem Ablauf – Schaubild werden der $Tiefgang_{HL}$, der Auftrieb „$\rho\nabla$" und das Auftriebsmoment M_{VKS} ($\rho\nabla \cdot x_B$) dargestellt. Die Berechnung erfolgt durch spezielle EDV – Programme. Das Ablaufschaubild wird durch die Wassertiefe (Δw), das Ablaufgewicht (Depl.) und den Gewichtsschwerpunkt x_G beeinflusst (Iterationsparameter).

Kippen um HKB führt zu sprunghaften Veränderungen von Tiefgang und Auftrieb in der Phase I (Ruhe => Aufdrehen)

Dumpen führt zu einer sprunghaften Änderung von $Tiefgang_{HL}$ und Auftrieb am Ende von Pahse II (Freischwimmen)

Dynamische Effekte (Stauwelle, Wasserwiderstand) sind nicht berücksichtigt.

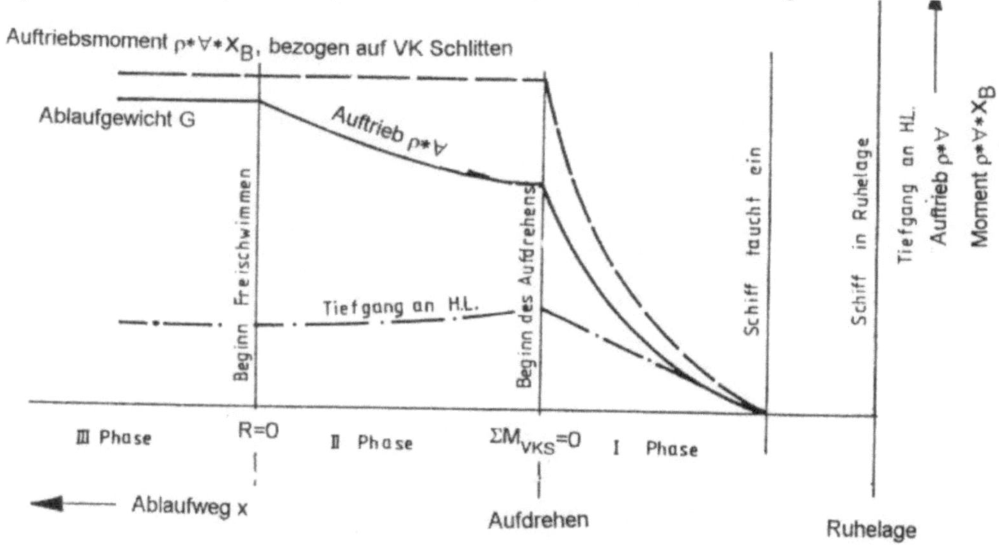

Alternativen

Querstapellauf
wird meist bei Flusswerften durchgeführt.

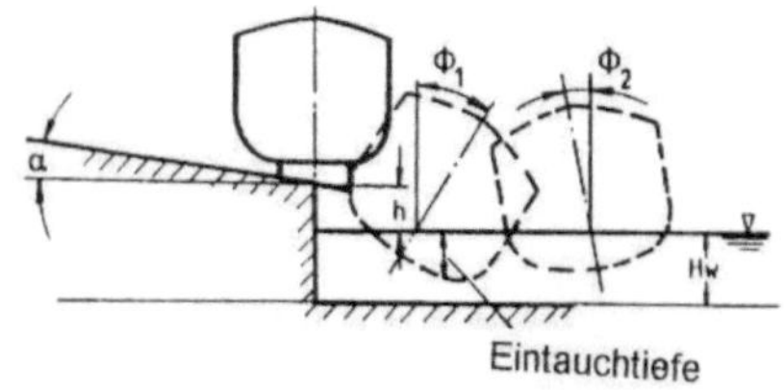

Querablauf - Prinzipskizze

Vorteile:
- kurze Auslaufstrecke
- keine Längsfestigkeitsbelastung (Beim normalen Stapellauf ist die Längsfestigkeitsbelastung die größte Belastung während der Lebensdauer)
- keine Schräge beim Bau

Nachteile:
- hohe Stabilitätsbeanspruchung. Daher sind folgende Größen abzuschätzen oder durch Modellversuche zu ermitteln
  - Tiefgangsvergrößerung durch Sturz und Neigung und die damit verbundene Gefahr der Grundberührung
  - Rückdrehen und die damit verbundene Gefahr des Anschlagens an die Hellingwand

Baudocks
- kein Stapellauf – Risiko
- ebene Baufläche (Lot)

  ⇒ immer mehr Werften stellen auf Baudocks um!

Slip
Helling mit kontrolliertem Ablauf, auf der auch Schiffe hochgezogen werden können. Wegen hoher Investition nur für kleinere Schiffe im Reparaturbereich.

Synchrolift

10. Leckstabilität

10.1. Ziel der Leckrechnung

Leckstabilität ist zu einem Schlüsselwort für die Sicherheit eines Schiffes geworden.
In jüngerer Zeit wurden nach spektakulären Unglücken zahlreiche Verschärfung der Leckstabilitätsvorschriften durchgesetzt (z.B. Exxon Valdez ⇒ „langes Bodenleck - 60%L" oder „Vinca Gorthon, Jan Heweliusz, Estonia" ⇒ Leckvorschriften für Trockenfrachter SURCAP" und Solas 2009).

Leckstabilitätsvorschriften sollen ein ausreichend hohes und einheitliches Sicherheitsniveau festschreiben. Der Nachweis der Leckstabilität erfolgt in 2 Stufen:

- In der 1. Stufe werden einzelne Räume oder Raumgruppen verletzt und die Schwimmlage des lecken Schiffes berechnet. Das lecke Schiff ist zwei Gefahren ausgesetzt: Dem Sinken und dem Kentern. Es wird also geprüft, welche Räume verletzt werden dürfen, ohne dass das Schiff sinkt oder kentert.
- In der 2. Stufe wird aus den überstandenen Einzelverletzungen auf das „globale Sicherheitsniveau" eines Schiffes geschlossen. Dies kann z.B. ein 2 – Abt. Status sein oder ein Prozentsatz aller Verletzungen, die das Schiff überlebt („Unterteilungsindex").

Die Leckrechnung erfordert einen erheblichen Rechenaufwand, viel mehr als die Intaktstabilität. Hierfür gibt es 3 Gründe:

1. zu einem Intaktfall gehören ein Vielzahl von Leckfällen
2. Die Leckschwimmlage wird durch systematisches Probieren, also iterativ, festgestellt.
3. Bei nicht ausreichendem „globalen Sicherheitsniveau" muss entweder die wasserdichte Unterteilung oder GM_0 verbessert werden. Zahlreiche Varianten müssen untersucht werden, Leckstabilität wird damit zu einem Optimierungsproblem.

Methoden der Leckrechnung

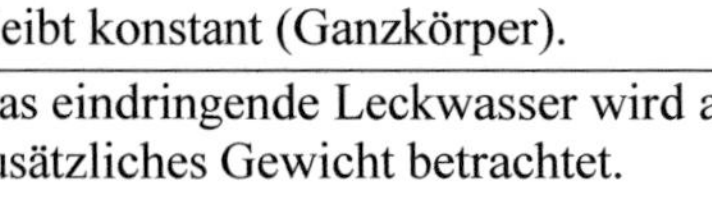

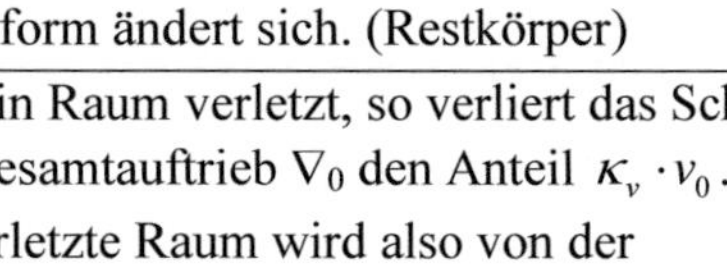

Hinzukommendes Gewicht	**Wegfallender Auftrieb**
Die Schiffsmasse ändert sich, die Schiffsform bleibt konstant (Ganzkörper).	Die Schiffsmasse bleibt konstant, die Schiffsform ändert sich. (Restkörper)
Das eindringende Leckwasser wird als zusätzliches Gewicht betrachtet.	Wird ein Raum verletzt, so verliert das Schiff vom Gesamtauftrieb V_0 den Anteil $\kappa_v \cdot v_0$. Der verletzte Raum wird also von der Schiffsform abgezogen.
Dieses zusätzliche Gewicht bewirkt eine Änderung der Schwimmlage (T, ψ, φ) und einen Stabilitätsabbau durch freie Oberflächen.Es dringt soviel Wasser ein, bis der Innenwasserspiegel gleich dem Außenwasserspiegel ist.	Damit Gewicht und Auftrieb wieder im Gleichgewicht sind, muss der weggefallene Auftrieb durch die Tiefertauchung des Restkörpers ausgeglichen werden.
$\kappa_v \cdot v_T = A_{WL} \cdot dT =$ (WL – Gesamtscheibe)	$\kappa_v \cdot v_0 = (A_{WL} - a)dT$ (WL – Restscheibe)

Bei beiden Methoden gelten folgende Vorraussetzungen:

- Glattwasser und statisches Gleichgewicht
- kein Auslaufen der Ladung (auslaufende Ladung muss als Vorwegabzug beim Intakt – Stabilitätsfall berücksichtigt werden)

10.2. Nomenklatur

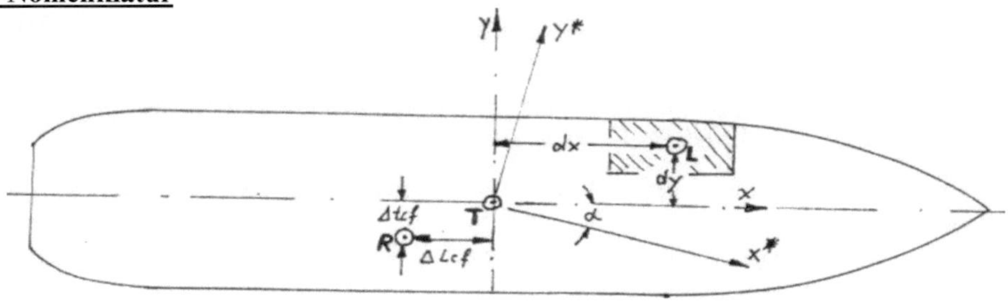

Index „0"	bezieht sich auf den Ganzkörper im Intaktzustand
„T"	bezieht sich auf den Ganzkörper im Leckzustand
„R"	bezieht sich auf den Restkörper im Leckzustand
A_T, A_R, a	Wasserlinienfläche des Ganzkörpers / Restkörpers / Leckraumes
$\odot_T$, $\odot_R$, $\odot_L$	Wasserlinien-⊙ des Ganzkörpers / Restkörpers / Leckraumes
dx, dy	Abstand zwischen WL-$\odot_L$ (Leckraum) und $\odot_T$ (Ganzkörper)
Δlcf, Δtcf	Abstand zwischen WL-$\odot_R$ (Restkörper) und $\odot_T$ (Ganzkörper)

- Kleine Buchstaben beziehen sich auf den Leckraum, große auf das Schiff
- κ_V = Volumenflutbarkeit = prozentualer Anteil des Raumvolumens, der mit Wasser gefüllt werden kann. (Solas II-1, R.1 2.7 $\kappa_{Cargo} = 0{,}6 / \kappa_{M.R.} = 0{,}85$)
- κ_F = Flächenflutbarkeit = Wasserfläche / Raumfläche (Solas II-1, R.8)

10.3. Leckstabilität für ein Schiff mit symmetrischer Verletzung (ohne Krängung)

A. Nach der Methode „hinzukommendes Gewicht" (Ganzkörper)

1.Schritt: Berechnung der Endschwimmlage aus den Gleichgewichtsbedingungen

Zunächst wird die Flutbarkeit berücksichtigt:

$\bar{\upsilon}_T = \kappa_v \cdot \upsilon_T \qquad \bar{a}_T = \kappa_F \cdot a_T \qquad \bar{i}_T = \kappa_F \cdot i_t$

$$\sum F_Z = 0 \qquad \Rightarrow \rho\nabla_T - (Depl_0 + \rho\bar{\upsilon}_T) = 0$$

$$\sum M_L = 0 \qquad \Rightarrow \rho\nabla_T \cdot lcb_T - (Depl_0 \cdot lcg_0 + \rho\bar{\upsilon}_T \cdot x_L) = 0$$

Ferner besteht ein Zusammenhang zwischen der Schwimmlage und dem eindringendem Leckwasser $\upsilon_T = f(T,\psi)$, $x_L = f(T,\Psi)$ aus Tanktabellen

Damit haben wir ein System aus 4 Gleichungen mit 4 Unbekannten, nämlich:

- der Verdrängung ∇_T
- dem vertrimmten Auftriebs-⊙ lcb_T
- der Leckwassermenge $\overline{\upsilon}_T$
- dem Längen-⊙ des Leckwassers x_L

Die Lösung wird durch Iteration gefunden. Man gibt mehrere Schwimmwasserlinien (T, ψ) vor und prüft, bei welcher Wasserlinie alle 4 Gleichungen erfüllt werden.

2.Schritt: Untersuchung der metazentrischen Höhe in der Leckschwimmlage.

Die metazentrische Höhe GM_T des Ganzkörpers ergibt sich aus folgenden Anteilen:

$$GM'_T = KB_T + BM_T - KG_T - \overline{GG}_T$$

- $\overline{GG}_T$: $\dfrac{\bar{i}_T}{\nabla_T}$
- $KG_T = \dfrac{Depl_0 \cdot KG_0 + \rho \cdot \bar{v}_T \cdot z_T}{\rho \nabla_T}$
- $BM_T = \dfrac{I_{TT}}{\nabla_T}$ ⇒ aus FKB (Trimm vernachlässigt)
- KB_T: aus FKB (näherungsweise)

Durch Ausklammern von $1/\nabla_T$ ergibt sich:

$$GM'_T = \frac{1}{\nabla_T}\left(\nabla_T \cdot KB_T + I_{TT} - \frac{Depl_0}{\rho} KG_0 - \overline{\upsilon}_T z_T - \bar{i}_T \right)$$

B. Methode „wegfallender Auftrieb“ (Restkörper)

1.Schritt: Berechnung der Endschwimmlage

$$\sum F_Z = 0 \qquad \Rightarrow \rho \nabla_R - Depl_0 = \rho(\nabla_T - \overline{\upsilon}_T) - Depl_0 = 0$$

$$\sum M_L = 0 \qquad \Rightarrow \rho(\nabla_T \cdot lcb_T - \overline{\upsilon}_T \cdot x_T) - Depl_0 \cdot lcg_0 = 0$$

Diese Gleichungen sind identisch mit den Gleichungen 1) und 2). Die Lösung erhält man wieder durch systematisches Probieren verschiedener Wasserlinie (T, ψ).

2.Schritt: Untersuchung der metazentrischen Höhe

Die metazentrische Höhe GM_R des Restkörpers ergibt sich aus folgenden Anteilen:

$$GM'_R = KB_R + BM_R - KG_R - GG'_R$$

- GG'_R: 0, da keine freie Oberfläche des Leckraums
- KG_R: $= KG_0$
- BM_R: $\dfrac{I_R}{\nabla_R} = \dfrac{I_{TT} - \bar{i}_T}{\nabla_0}$
- KB_R: $= \dfrac{\nabla_T \cdot KB_T - \overline{\upsilon}_T \cdot z_T}{\nabla_0}$ mit $\nabla_R = \nabla_0$

Nach dem Ausklammern von $1/\nabla_0$ ergibt sich:

$$GM'_R = \frac{1}{\nabla_O}(\nabla_T \cdot KB_T - \upsilon_T \cdot z_T + I_{TT} - \bar{i}_T - \nabla_0 KG_0 - 0)$$

10.4. Stabilitätsvergleich

Aus den Formeln zur metazentrischen Höhe lässt sich folgendes Fazit ziehen, weil die beiden Klammerausdrücke gleich sind:

$$GM'_R \cdot \nabla_0 = GM'_T \cdot \nabla_T$$

Dies hätte man auch aus anschaulicher Betrachtung erwarten können:

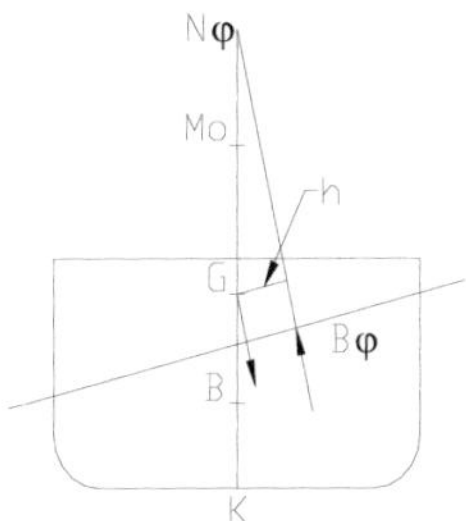

Das aufrichtende Stabilitätsmoment eines Schiffes ist:

- Allgemein
  $M_{ST} = \rho\nabla(GM_0 \sin\varphi + h_Z)$
- bei wegfallendem Auftrieb
  $M_R = \rho\nabla_R(GM_R \sin\varphi + h_{ZR})$
- bei hinzukommendem Gewicht:
  $M_T = \rho\nabla_T(GM_T \sin\varphi + h_{ZT})$

Das aufrichtende Moment muss bei beiden Methoden gleich sein, denn wenn das Schiff durch ein äußeres Moment belastet wird, stellt sich – unabhängig von der Rechenmethode – ein eindeutiger Krängungswinkel „φ“ ein.

Dies gilt auch für kleine Winkel, ($\varphi \to 0 \Rightarrow h_Z \to 0$). Ferner ist $\nabla_R = \nabla_0$.

$\Rightarrow \qquad \rho\nabla_R \cdot GM_R \cdot \sin\varphi = \rho\nabla_T \cdot GM_T \cdot \sin\varphi$ q.e.d.

Die metazentrischen Höhen sind unterschiedlich, das aufrichtende Stabilitätsmoment als Produkt aus $GM \cdot \nabla \cdot \sin\varphi$ ist gleich.

Der Vorteil der Methode „wegfallender Auftrieb“ liegt darin, dass die Verdrängung des intakten und des lecken Schiffes gleich bleibt. Dadurch werden nicht nur die Stabilitätsmomente, sondern auch die metazentrischen Höhen „intakt“ und „leck“ vergleichbar:

$$\underbrace{GM_0}_{\text{intakt}} = \underbrace{GM_R}_{\text{leck}} + \underbrace{\Delta GM}_{\text{Verlust}}$$ *bei der Methode „ wegfallender Auftrieb“*

GM_R ist das Mindest – GM im Leckfall laut Vorschrift (z.B. 0,05m bei Fahrgast und B-60-Schiffen). ΔGM ist der Stabilitätsverlust durch die Verletzung.
Es lässt sich zeigen, dass ΔGM ohne Kenntnis des Gewichts-⊙ „KG“ berechenbar ist:

$$\Delta GM = GM_0 - GM_R = \frac{1}{\nabla_0}\left(KM_0\nabla_0 - KG_0\nabla_0 - \nabla_T KB_T + \bar{\upsilon}_T z_T - I_{TT} + \bar{i}_T + KG_0\nabla_0\right)$$

Ergebnis: Bei der Methode „wegfallender Auftrieb“ kann das Mindest-GM_0 des intakten Schiffes von der Werft vorausberechnet werden, ohne dass die Lage des Gewichtsschwerpunktes „KG“ bekannt ist.

10.5. Schwimmlage eines Schiffes bei Verletzung mit Trimm (ohne Krängung, w. A.)

Geg.: FKB, Raumtabellen, $Depl_0$, KG_0, lcg_0=lcb (gleichlastige Intakt-Schwimmlage)
Näherungen: senkrechte Wände im Bereich der Tiefertauchung (A_{WL}, I_L, lcf = const.)

Ges.: T_{HL}, T_{VL}, GM_R

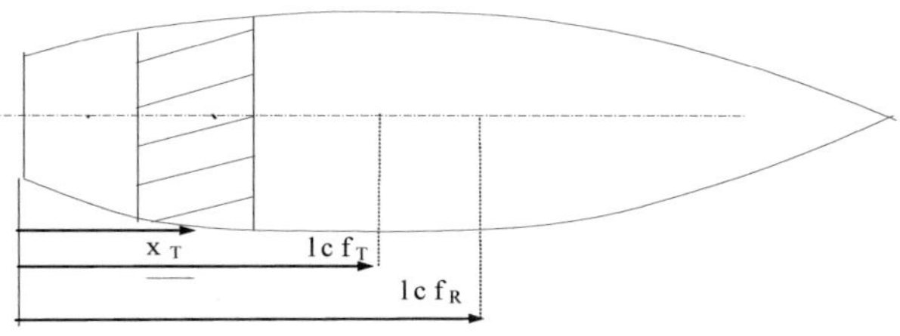

1.Schritt: Bestimmung der „Leckraumgrößen" bis zum Intakt-Tiefgang T_0.

$\overline{\upsilon_0} = \kappa_V \upsilon_o$, $\quad x_T, z_T \quad$ $\overline{a} = \kappa_F a$, $\quad \overline{i_L} = \kappa_F i_L \; \overline{i_T} = \kappa_F \cdot i_T$

2.Schritt: Berechnung des Endtiefgangs

Der wegfallende Auftrieb wird durch eine WL -Restscheibe ersetzt.

$$\overline{\upsilon_0} = A_R \cdot dT \quad mit \quad A_R = A_T - \overline{a} \;\Rightarrow\; dT = \frac{\overline{\upsilon_0}}{A_T - \overline{a}}$$

⇨ Endtiefgang: $\boxed{T = T_0 + \frac{\overline{\upsilon_0}}{A_T - \overline{a}}}$

3.Schritt: Momentenbilanz um den Drehpunkt R zur Ermittlung des Trimms

Das trimmende Moment ergibt sich aus dem „wegfallenden Auftrieb" vom Leckraum.
$M_{Tr} = \rho \cdot \overline{\upsilon}_0 (lcf_R - x_T) \cdot \cos\Psi$
Zum Vorzeichen: Verletzung im Heck führt zu hecklastigem Trimm:
$x_T < lcf_R$ ⇨ $M_{TR} > 0$
Das aufrichtende Moment des Restkörpers beträgt:

$$M_{aufr} = \rho\nabla_R \cdot GM_{L\,R} \cdot \sin\psi \;\underset{BM_L = \frac{I_{LR}}{\nabla_R}}{\overset{GM_L = BM_L}{\sim}}\; \rho \cdot I_{L\,R} \cdot \sin\psi$$

Der Trimmwinkel ergibt sich aus dem Gleichgewicht $M_{TR} = M_{aufr}$

$$\Rightarrow \quad \boxed{\tan\psi = \frac{\overline{\upsilon_0}}{I_{L\,R}} (lcf_R - x_T)}$$

4.Schritt: Berechnung des WL-⊙ und des Längenträgheitsmoments der Restfläche

$$A_R = A_T - \bar{a} \quad \Rightarrow \quad A_R \cdot lcf_R = A_T \cdot lcf_T - \bar{a} \cdot x_T$$

$$\Rightarrow \boxed{lcf_R = \frac{A_T \cdot lcf_T - \bar{a} \cdot x_T}{A_T - \bar{a}}}$$

Eigenträgheitsmoment der Restfläche um ihren WL – Schwerpunkt lcf_R

$$\boxed{I_{L\,R} = \underbrace{I_{LT} + A_T (lcf_R - lcf_T)^2}_{\text{Intakflöche bezogen auf } Lcf_R} - \underbrace{\left\{ \bar{i}_L + \bar{a}(lcf_R - x_T)^2 \right\}}_{\text{Leckfläche bezogen auf } Lcf_R}}$$

mit $I_{LT} = \frac{MCT \cdot Lpp}{\rho}$ und lcf_T und A_T aus FKB

Da „lcf_R“ und „$I_{L\,R}$“ jetzt bekannt sind, ist der Trimmwinkel ψ berechenbar.

5. Schritt: Berechnung der Leck-Tiefgänge

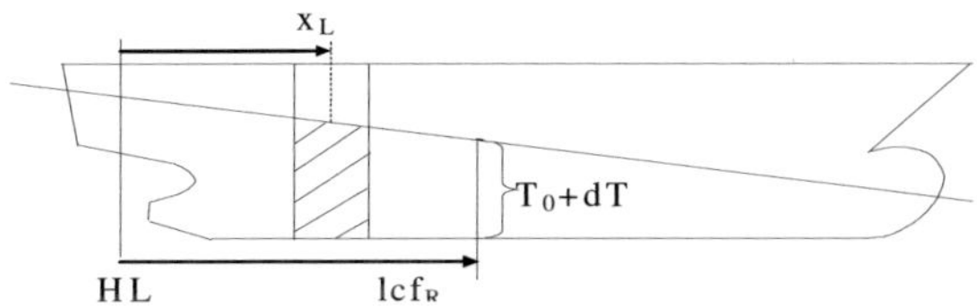

$T = T_0 + dT$ am Schwerpunkt der Rest –WL „lcf_R“ der WL-Restfläche

$T(x) = T_0 + dT + (lcf_R - x) \cdot \tan\psi$ mit x=0 am HL bzw. x =Lpp am VL

6. Schritt: Berechnung der Stabilität (Methode w. A.)

$$GM_R = \frac{1}{\nabla_0} \cdot \left(\nabla_T \cdot KB_T + I_{T_T} - \nabla_0 \cdot KG_0 - \bar{\upsilon}_T\, z_T - \bar{i}_T \right)$$

mit $I_{T_T} = (KM_T - KB_T)\nabla_T$ aus FKB und $\bar{\upsilon}_T, z_T, \bar{i}_T$ aus Raumtabelle

10.6. Schwimmlage eines Schiffes bei Verletzung mit Krängung (ohne Trimm, h.G.)

Geg: FKB, Tank- und Raumtabellen, $Depl_0$, $lcg_0 = lcb_0$, KG_0
Näherungen: Senkrechte Wände im Bereich der Tiefertauchung (A_{WL}, I_T, lcf = const.)
Ges: T_{Leck}, φ, GM_T

1. Schritt: Berechnung der Leckraumgröße:

$$\bar{\upsilon}_0 = \kappa_v \cdot \upsilon_0 \quad , \quad \bar{a} = \kappa_F \cdot a \quad , \quad \bar{i}_T = \kappa_F \cdot i_T$$

2. Schritt: Berechnung der parallelen Tiefertauchung:

$$Depl_T = Depl_0 + \rho \cdot \overline{\upsilon_T} = Depl_0 + \rho \cdot \left(\overline{\upsilon_0 + \overline{a} \cdot dT}\right)$$

$$Depl_T = Depl_0 + \rho \cdot A_{WL} \cdot dT$$

$$\Rightarrow dT = \frac{\overline{\upsilon_0}}{A_{WL} - \overline{a}}$$

$T = T_0 + dT = \_ \rightarrow z_T$, dy aus Tabelle

3. Schritt: Bestimmung der metazentr. Höhe des Ganzkörpers im Leckzustand (h.G.)

$$GM_T = \frac{1}{\nabla_T}\left[\nabla_T \cdot KB_T + I_{T_T} - \frac{Depl_0}{\rho} \cdot KG_0 - \overline{\upsilon_T} \cdot z_T - \left(\overline{i}_{T_{eigen}} + a \cdot dy^2\right)\right]$$

Hinweis:

1) KB_T an FKB

2) $I_{T_T} = \nabla_T \cdot (KM_T - KB_T)$

3) freie Flutung → $\overline{i}_T = i_{T_{eigen}} + \overline{a} \cdot dy^2$. Folgende Begründung für den Steiner-Anteil:

$$\nabla_T \cdot GG_T' = \overline{\upsilon_T} \cdot bm_T = \frac{\overline{\upsilon_T} \cdot \overline{i}_T}{\overline{\upsilon_T}} = i_{eigen} + a \cdot dy^2 \qquad \boxed{\Rightarrow GG_T' = \frac{i_{eigen} + \overline{a} \cdot dy^2}{\nabla_T}}$$

4. Schritt: Ermittlung des Krängungswinkels

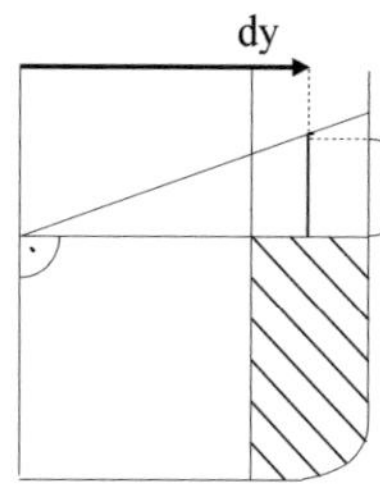

$$M_{Aufr} = \rho \nabla_T \cdot (GM_T \sin\varphi + hz_T)$$

$$M_{Kr} = \rho \cdot \overline{\upsilon_T} \cdot dy \cdot \cos\varphi$$

$bei\ \varphi < 5° \Rightarrow h_{Z \cdot T} = 0 \Rightarrow \tan\varphi = \frac{\overline{\upsilon_T} \cdot dy}{\nabla_T \cdot GM_T}$

bei $\varphi < 10°$ => $hz_T = \frac{BM_T}{2} \cdot \tan^2\varphi \sin\varphi$ → iterative Lösung

bei $\varphi > 10°$ => $hz_T = w_T - KM_T \sin\varphi$

5. Schritt: Iteratives Nacharbeiten

$$\overline{\upsilon_{T_{neu}}} = \overline{\upsilon_{T_{alt}}} + \overline{a} \cdot dy \cdot \tan\varphi \Rightarrow dT_{neu} = \frac{\overline{\upsilon_{T_{neu}}}}{A_T - \overline{a}} \Rightarrow T_{neu} = T + dT_{neu}$$

=> z_T, dy aus Tabelle => $Depl_{T\,neu} = Depl_0 + \rho \cdot v_{T\,neu}$ => Schritt 3

10.7. Stabilität bei unsym. Verletzung mit Achsendrehung

(Tiefgang ↑, Krängung ↕, Trimm ↕, Methode w. A.)

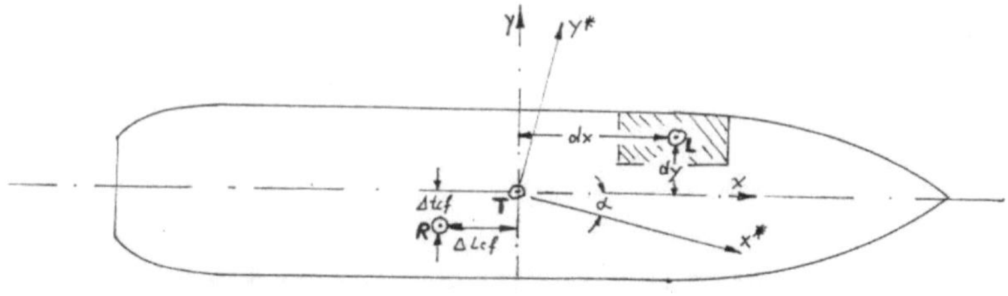

Drehung der Trägheitsachsen bei unsymetrischer Verletzung

Bei unsymmetrischer Flutung dreht das Schiff nicht mehr um die Symmetrieebene.

- Der Schwerpunkt der WL – Fläche des Restkörpers „Θ_R“ wandert aus der Symmetrieebene des Schiffes aus.
- Ferner kommt es zu einer Verdrehung der neue Haupt – Trägheitsachsen x* und y*. Die Drehung ist umso größer, je weiter der unsymmetrische Leckraum vom Hauptspant des Schiffes entfernt liegt.

Die Berechnung der metazentrischen Höhe GM_R geschieht nach folgenden Gleichungen:

$$GM_R = KB_R + BM_R - KG_R - \overline{GG'}$$

- $\overline{GG'}$ = 0, da keine freie Oberfläche des Leckraums
- $KG_R = KG_0$
- $BM_R = \frac{I_{R\,min}}{\nabla_0}$
- $KB_R = \frac{\nabla_T \cdot KB_T - \bar{\upsilon}_T \cdot z_L}{\nabla_0}$

In den o. g. genannten Gleichungen ist $I_{R\,min}$ unbekannt und wird in 4 Schritten berechnet:

1.Schritt: Berechnung der WL – Restfläche und des WL – Schwerpunktes.
(Momentenbilanz um $\odot_T$)

$$A_R = A_T - \bar{a}$$

$$\Rightarrow A_R \cdot \Delta lcf = A_T \cdot 0 - \bar{a} \cdot dx \Rightarrow \Delta lcf = \left| \frac{-\bar{a} \cdot dx}{A_R} \right|$$

$$\Rightarrow A_R \cdot \Delta tcf = A_T \cdot 0 - \bar{a} \cdot dy \Rightarrow \Delta tcf = \left| \frac{-\bar{a} \cdot dy}{A_R} \right|$$

2.Schritt: Berechnung der Trägheitsmomente der Ganzfläche um ihren Schwerpunkt $\odot_T$

$$I_{LT} = \int x^2 dA = \frac{L_{pp} \cdot MCT}{\rho}$$ oder aus FKB entnehmen. (dreht um $\odot_T$)

$$I_{T_T} = \int y^2 dA = (KM_T - KB_T) \cdot \nabla_T$$ oder aus FKB entnehmen.

$$I_{ZT} = \int x \cdot y dA = 0 \Rightarrow symmetrisch$$

3.Schritt: Berechnung der Trägheitsmomente der Restfläche, bezogen auf $\odot_R$

$$I_{L\,R} = I_{L\,T} + A_T \cdot \Delta lcf^2 - \left[\overline{i_L} + \overline{a} \cdot (dx + \Delta lcf)^2\right]$$
$$I_{T\,R} = I_{T\,T} + A_T \cdot \Delta tcf^2 - \left[\overline{i_T} + \overline{a} \cdot (dy + \Delta tcf)^2\right]$$
$$I_{Z\,R} = I_{Z\,T} + A_T \cdot \Delta lcf \cdot \Delta tcf - \left[\overline{i_Z} + \overline{a} \cdot (dx + \Delta lcf) \cdot (dy + \Delta tcf)\right]$$

=0, (relativ zur Gesamtfläche)

Eigenzentrifugalmoment der Ganzfläche = 0 bezüglich x, y – Achse

4.Schritt: Berechnung des Eigenträgheitsmomentes mit gedrehten Achsen

Für das Eigenträgheitsmoment der Restfläche um den Schwerpunkt $\odot_R$ gilt allgemein:

$$I_{R\,\min} = \frac{I_{T\,R} + I_{L\,R}}{2} - \left|\sqrt{\left(\frac{I_{L\,R} - I_{T\,R}}{2}\right)^2 + I_{Z\,R}^2}\right|$$

Dabei ist die Achse um den Winkel „α“ gedreht, der sich ergibt aus:

$$\tan 2\alpha = \frac{2 \cdot I_{Z\,R}}{I_{L\,R} - I_{T\,R}}$$

1. Diese Formel wird nur bei Verletzungen benötigt, bei denen das Schiff erheblich krängt und vertrimmt. Wenn nur Krängung eintritt, bleiben die Hauptträgheitsachsen parallel zu MS.

   $$\Rightarrow \quad I_{Z\,R} \sim 0 \;\Rightarrow\; I_{\min} = \frac{I_{LR} + I_{TR}}{2} - \left|\frac{I_{LR} - I_{TR}}{2}\right| = I_{TR}$$

   Bei Schiffen mit L >> B ist die Drehung der Hauptträgheitsachse meist nur gering. Anders verhält es sich bei Bohrinseln, deren Schwimmfläche sich nach Flutung einer Säule meist so stark verändert, dass die neuen Trägheitsachsen eine völlig andere Richtung aufweisen.

2. Grundsätzlich gilt, dass man ohne Berücksichtigung der Achsendrehung für das beschädigte Schiff eine zu hohe metazentrische Höhe erhält, so dass eine größere Reststabilität vorgetäuscht wird, als jeweils vorhanden ist.

11. Deterministische Leckstabilität, Schottenrechnung

11.1. Vorschriften und Forderungen

Es gibt folgende Vorschriften über Leckstabilität:

- SOLAS – Vorschrift (Fahrgastschiffe, Frachtschiffe >80m)
- *Codes* für Gastanker (IGC), Chemikalientanker (IBC), Bohrinseln (MODU)
- Marpol – Vorschrift (Öltanker)
- IMO – Resolutionen, z.B.
  A265: Fahrgastschiff – Äquivalent
  A469: Versorger (Supply and Workship GL Kap. 29)
  A534: Spezialschiffe (Special Purpose GL Kap.27)
- Freibord – Vorschrift (A-, B-60-, B-100-Schiffe)
- Stabilitätsvorschriften der Marine (BV1033)

Beim deterministischen Prinzip wird vorgegeben

- die Leckgröße ($1/3L^{2/3}$, B/5, B/15 bei Bodenverletzung)
- die Trefferstelle (z.B. 1-2 Abteilungsstatus mit/ ohne MR)
- Überlebens – Forderungen (Restfreibord, Rest – GM, Krängungswinkel, ...)

Die deterministischen Verletzungen müssen an jeder beliebigen Stelle des Schiffes ertragbar sein. Der Nachteil ist, dass die Verletzungen sich nicht immer an vorgegebene Leckgrößen halten. Außerdem werden Längsschotte und Zwischendecks nicht physikalisch angemessen bewertet.

11.2. Schottenrechnung für Fahrgastschiffe (flutbare Länge, Abt.-Faktor)

Einziges Beispiel ist SOLAS Kap.II-1 für Fahrgastschiffe. (Part B)

1. Schritt: Tauchgrenzlinie

Für das Schiff wird eine Tauchgrenzlinie festgelegt, die im Leckfall nicht überschritten werden darf (76mm unter dem Schottendeck)

2. Schritt: Ermittlung der flutbaren Länge a(x)

Definition: Die „flutbare Länge“ ist derjenige Schottabstand, bei dem das Schiff nach einer einfachen Raumverletzung bis zur Tauchgrenzlinie abtaucht.

Im Gegensatz zur normalen Leckstabilität setzt man die Schwimmlage im Leckfall fest und sucht die zugehörige Leckraumgröße. Dabei gilt:

- Die Grenzschwimmlage ist die Lage, bei der die Schwimmwassserlinie die Tauchgrenzlinie berührt.

- Die x – Position eines „verletzbaren Raumes“ soll bis zu seiner Raummitte zählen. Der Abstand der Querschotte wird solange vergrößert, bis die Schwimmlage im Leckfall die Tauchgrenzlinie tangiert.

- Dieser Querschottabstand wird „flutbare Länge a(x)“ genannt.

Die flutbare Länge a(x) wird stichprobenweise (7 Stellen) für verschiedene x- Positionen (= Raummitte) gerechnet und als Kurve über die Schiffslänge aufgetragen.
Dabei müssen Volumen und Momentenbedingung erfüllt sein.

$$\left.\begin{array}{l}\nabla_T = \nabla_0 + \kappa\upsilon_T \\ \nabla_T \cdot lcb_T = \nabla_0 \cdot lcb_R + \kappa\upsilon_T \cdot x_L\end{array}\right\} Endtiefgang\, T, Trimmwinkel\, \Psi$$

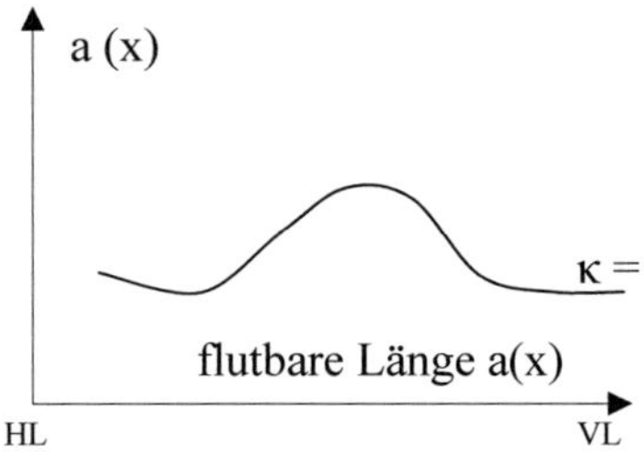

-

3. Schritt Der „zulässige Schottabstand“

Definition: Der „zulässige Schottabstand“ ist derjenige Schottabstand, der sich als Produkt aus „flutbarer Länge · Abteilungsfaktor“ ergibt.

Durch die Einführung des Abteilungsfaktors wird erreicht, dass der „zulässige Schottabstand“ nur ein Bruchteil der flutbaren Länge sein darf.

Zul.Schottabstand $_{max.}$ $= F \cdot a(x)$

Der Faktor „F“ wird umso kleiner,

- je größer ein Fahrgastschiff ist
- je mehr Personen es transportiert
- je weniger Rettungsmittel an Bord sind.

Ein Schiff mit	F≤ 1	muss den	1 – Abt. – Status	erfüllen
	F≤ 0,5	muss den	2 – Abt. – Status	erfüllen
	F≤ 0,33	muss den	3 – Abt. – Status	erfüllen.

4. Schritt: Graphische Bestimmung der Lage der Querschotte

Die Lage der Querschotte wird aus der Kurve der flutbaren Länge graphisch bestimmt.

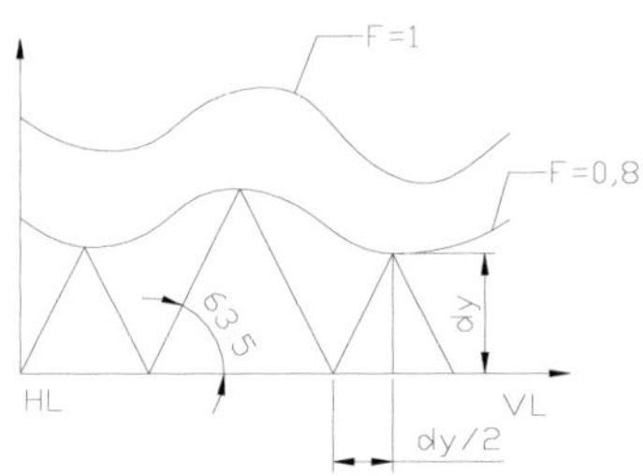

- Zunächst wird die Kurve der zulässigen Schottabstände ermittelt: $Abstand_{max} = F \cdot a_{(x)}$
- anschließend konstruiert man unter einem Winkel α=63,5° gleichschenklige Dreiecke unter der Kurve der zulässigen Schottabstände.

Durch diese Dreiecke wird der Vertikal – Wert „zulässiger Schottabstand“ auf die Horizontalachse projiziert $\left(\tan\alpha = \frac{\Delta y}{\frac{1}{2}\Delta y} = 2 \quad \rightarrow \alpha = 63{,}5°\right)$.

Die Schotten dürfen dort stehen, wo die Dreiecke die x – Achse schneiden.

11.3. Kritik

Querstabilität (GM>0) und Unsymmetrie (⇒ Schlagseite) wird separat berücksichtigt. Die Methode ist nicht mehr als eine Freibordrechnung des verletzten Schiffes.

Der stufenlose Abteilungsfaktor F soll Sicherheit verbessern, schafft in Wirklichkeit aber Unstetigkeiten. Begründung:

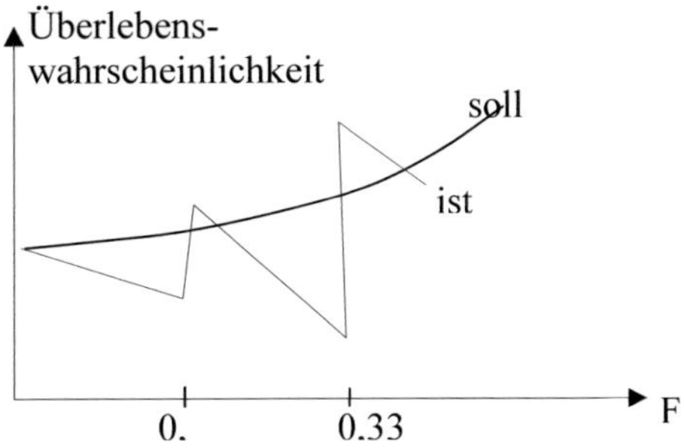

Ein Schiff mit z.B. F=0,6 überlebt in jedem Fall nur die 1- Abt. – Verletzung, da bei 2 verletzten Abteilungen die Leckraumlänge = 2*0,6*a(x) =1,2*a(x) wäre.

Dieses Schiff hat aber 1/0,6=1,66 mal so viele Querschotte. Damit ist die Wahrscheinlichkeit, dass ein Querschott getroffen wird (⇒ 2-Abt.-Verletzung) auch 1,66 mal so groß. Das Schiff ist also unsicherer.

12. Probabilistische Leckstabilität

Zur Zeit gibt es 2 probabilistische Vorschriften:

- IMO A265 Fahrgastschiffe
- SURCAP (SOLAS II-2 für Trockenfrachter mit $L_c > 80m$ (GL Kap. 28))

Das probabilistische Prinzip basiert auf der Wahrscheinlichkeitsrechnung in 5 Schritten:

1. Die geforderte Überlebenswahrscheinlichkeit „R“ (R = required)
   Die Verwaltung setzt einen beliebigen Wert für die „geforderte Überlebenswahrscheinlichkeit eines Schiffes fest, z.B. bei Frachtschiffen R= 0,4...0,6 (= 40...60% aller Verletzungen)

2. Die Teilgebietswahrscheinlichkeit
   Für jeden Leckraum wird eine sog. „Teilgebietswahrscheinlichkeit“ errechnet. Die Summe aller Wahrscheinlichkeiten ist 1 (= 100%).
   Definition: Die Teilgebietswahrscheinlichkeit „p_i“ ist die Wahrscheinlichkeit, dass der betrachtete Raum (und nur dieser) verletzt wird.
   Dabei hat man durch logische Überlegungen und aus einer Unfallstatistik folgende Gesetzmäßigkeiten hergeleitet:

   - Wenn ein Raum im Vorschiff liegt, dann ist seine Verletzung wahrscheinlicher als im Hinterschiff (=> a).
   - Je länger ein Raum ist, desto wahrscheinlicher ist sein Verletzung. Dies gilt allerdings nur bis zu einer Lecklänge von 24% der Schiffslänge (=> p).
   - Je tiefer ein Raum ist, desto größer ist die Wahrscheinlichkeit, dass nur dieser Raum (und nicht noch ein weiter innen liegender) verletzt wird. Dies gilt bis zur Schiffsmitte (=> r).
   - Je höher ein Raum ist, desto größer ist die Wahrscheinlichkeit, dass nur dieser Raum (und nicht noch ein darüber liegender) verletzt wird (=> v).

   Daher setzt sich die Teilgebietswahrscheinlichkeit P_i aus 4 Komponenten zusammen:
   $P_i = a \cdot p \cdot r \cdot v$ mit a: Maß für Trefferstelle
   p: Maß für die Raumlänge
   r: Maß für die Raumtiefe
   v: Maß für die Raumhöhe

3. Der Stabilitätsbeiwert „s“
   Durch eine umfangreiche Leckrechnung wird geprüft, welche Räume verletzt werden können, ohne das das Schiff verloren geht. Ist die Stabilität im Leckfall gut, so beträgt der Stabilitätsbeiwert $s_i=1$. Ist die Stabilität im Leckfall mangelhaft, so beträgt der Stabilitätsbeiwert $s_i=0$.

4. Die „errechnete Überlebenswahrscheinlichkeit A“
   Zur Berechnung des Wertes „A“ werden die Teilgebietswahrscheinlichkeiten aller Räume zusammengezählt, deren Verletzung „ertragbar“ ist.

   $$A = \sum_{l}^{i} a \cdot p \cdot r \cdot v \cdot s$$

   Dabei fallen alle Räume mit nicht ausreichender Leckstabilität raus ($s_i=0$).

Wenn das Schiff jede beliebige Raumverletzung ertragen würde, wäre A=1.

5. <u>Vergleich zwischen Soll- und Ist-Wert</u>
   Ist A>R, so ist eine ausreichend hohe Überlebenswahrscheinlichkeit erreicht. Andernfalls müssen die inneren Unterteilungsschotte solange verändert werde, bis genügend „ertragbare“ Räume vorhanden sind.

Der Rechenaufwand für die probabilistische Methode ist sehr groß, aber dafür erhält der Entwurfingenieur die Möglichkeit, durch geschickten Einsatz von Längsschotten und Decks ausreichende Leckstabilität zu erreichen. Dieses Prinzip wird in Zukunft das deterministische Prinzip verdrängen.

13. Übungsaufgaben

A) Archimedes und Momentenbilanz

Aufgabe A.1 Momentenbilanz

Für einen Ladefall sind die folgenden Einzelmassen und Schwerpunkte gegeben:

	Gewicht (t)	lcg (m)	vcg (m)
MLS	5200	57,20	8,88
Vorräte 100%	1620	46,18	5,17
Container i. Raum	3724	72,21	6,59
Container an Deck	2688	74,70	15,69
Wasserballast	1494	79,24	0,70

Berechnen Sie Deplacement, Längen- und Höhenschwerpunkt.

Lösung: Depl. = 14726t; lcg = 65,21m; vcg = 8,31m

Aufgabe A.2 Momentenbilanz

Ein Schiff mit $Depl._0$ = 6000t / KG_0=5,30m wird wie folgt beladen:

	Gewicht (t)	vcg (m)
Hinzukommende Ladung 1	180t	3,00m
Hinzukommende Ladung 2	460t	2,20m
Wegfallende Ladung 3	1000t	2,10m
Verschobene Ladung 4	300t	von 3,80m auf vcg=1,40m

Welche Werte ergeben sich für Deplacement und Höhenschwerpunkt?

Lösung:

+6000t	·5,30m
+180t	·3,00m
+460t	·2,20m
-1000t	·2,10m
-300t	·3,80m
+300t	·1,40m
$Depl_E$ = 5640t	vcg_E = 5,41m

Aufgabe A.3 Tiefertauchung

Ein Schiff mit $Depl_0$=9000t schwimmt im Frischwasser (ρ_0 = 1,00 t/m³) und hat eine Wasserlinienfläche A_{WL}=1650m². Wieviel Ladung bzw. Vorräte müssen hinzugefügt werden, damit das Schiff im Seewasser(ρ_E = 1,025t/m³) um dT= 5,0cm tiefer eintaucht?

Lösung:

$Depl_o = \rho_0 \cdot \nabla_0 \rightarrow \nabla_0 = 9000\ m^3$

$\nabla_E = \nabla_0 + A_{WL} \cdot dT \rightarrow \nabla_E = 9082\ m^3$

$Depl_E = \rho_E \cdot \nabla_E \rightarrow Depl_E = 9309\ t$

$m_{Zul.} = Depl_{E.} - Depl._0 = 309t$

Aufgabe A.4 Tiefgangsverringerung

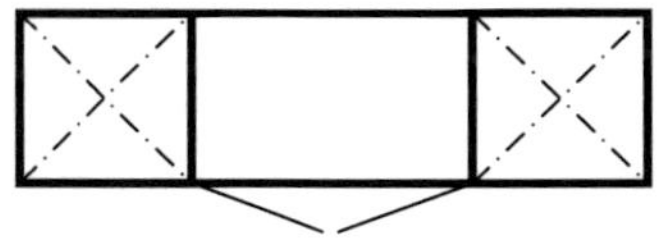

Ein Ponton (Lpp=50,00m / B=10,00m, T_0= 2,00m , ρ_{See} =1,025t/m³) hat einen mit Schlamm gefüllten Innenraum (l_i=15,00m , b_i=5,00m , h_i=2,00m , $\rho_{Schlamm}$ =2,05t/m³). Jetzt wird die Bodenklappe geöffnet. Welcher Tiefgang stellt sich nach dem Verklappen des Schlamms ein?

Lösung:

$Depl_0 = 50\cdot10\cdot2\cdot1{,}025 = 1025t$

$m_{Schlamm} = 15\cdot5\cdot2\cdot2{,}05 = 307t$

$\rightarrow Depl_E = Depl_0 - m_{Schlamm} = 717t$

$\nabla_E = \frac{Depl_E}{\rho_{See}} = 700m^3$

$A_{WL} = 50\cdot10-15\cdot5 = 425m^2$

$T_E = \frac{\nabla_E}{A_{WL}} = \frac{700}{425}\ m = 1{,}65m$

Aufgabe A.5 Wasserdichte

Ein Schiff mit $Depl._0$=7000t hat eine Wasserlinienfläche A_{WL}=1150m². Es fährt vom Seewasser der Dichte ρ_0=1,027 t/m³ ins Flusswasser der Dichte ρ_0=1,000 t/m³.
Ferner stellt sich eine Tiefertauchung von dT= - 0,10m ein. Wieviel Tragfähigkeit (Brennstoff & Vorräte) wurde während der Reise verbraucht ?

Lösung:

1) $Depl_0 = \rho_0 \cdot \nabla_0 \rightarrow \nabla_0 = 6815\ m^3$

3) $\nabla_E = \nabla_0 + A_{WL}\cdot dT \rightarrow \nabla_E = 6700\ m^3$

4) $Depl_E = \rho_E \cdot \nabla_E \rightarrow Depl_E = 6700\ t$

2) $Depl_E = Depl_0 - \Delta dw \rightarrow \Delta dw = 300\ t$

B) Anfangsstabilität und Trimm

Aufgabe B.1 Aufrichtende und krängende Momente

Die folgenden Daten wurden von der Schiffsführung ermittelt:

Verdrängung	∇	= 4000 m³
Anfangsstabilität	GM_O	= 0,60 m
Seew. Dichte	ρ	= 1,025 t/m³

a) Welcher Krängungswinkel stellt sich beim Winddruckmoment M_{W_0}=1500 kNm ein ?

b) Welcher Krängungswinkel entsteht, wenn eine Masse zur Seite verschoben wird ?

Masse der Deckslast	m_H	= 20 t
seitlicher Verschiebeweg	dy	= 6,0 m

c) Durch genaue Messung stellt man fest, daß bei dem o.g. Verschiebemoment sich ein Krängungswinkel von 3° einstellt .Wie hoch war die Anfangsstabilität GMo wirklich?

Lösung: **a)** $M_0 = \frac{1500}{9{,}81} = 150\text{tm}$, mit $M_W = M_{W0} \cdot \cos\varphi$

$\tan\varphi = \frac{M_{Wo}}{\rho \cdot \nabla \cdot GM}$ → $\varphi = 3{,}5°$

b) $\tan\varphi = \frac{m_H \cdot dy}{\rho \cdot \nabla \cdot GM}$ → $\varphi = 2{,}79°$

c) $GM_0 = \frac{m_H \cdot dy}{\rho \cdot \nabla \cdot \tan 3°}$ $= 0{,}56\text{m}$

Aufgabe B.2 Krängungsversuch

Für ein Schiff mit Depl.= 8000t wird ein Krängungsversuch durchgeführt. Hierbei wird ein Gewicht mit $m_H = 5{,}0$t um dy = 12,00m zur Seite verschoben. Aus dem Kurvenblatt wird KM=5,10m entnommen. Vier Winkelmessungen mit einem 6,0m langem Pendel ergaben folgende Aussschläge : (73mm/ 80mm/ 78mm/ 75mm). Berechnen Sie den Gewichtsschwerpunkt KG.

Lösung: $\tan\varphi = \frac{1/4 \cdot (73 + 80 + 78 + 75)}{6000}$ $= 0{,}01275$

$GM = \frac{m_H \cdot dy}{Depl \cdot \tan\varphi}$ $= 0{,}59\text{m}$

$KG = KM - GM$ $= 4{,}51\text{m}$

Aufgabe B.3 Breiten-Trägheitsmoment

Ein Schiff mit Depl.=8000t hat folgende Stabilitätswerte im Seewasser ($\rho = 1{,}025\text{t/m}^3$) :
GM = 0,46m, KG = 6,60m , KB = 3,60m.
Wie groß ist das Breiten-Trägheitsmoment der Wasserlinienfläche?

Lösung: $BM = KG + GM - KB$ $= 3{,}46\text{m}$

$I_T = BM \cdot \nabla = \frac{BM \cdot Depl}{\rho}$ $= 27005\text{m}^4$

Aufgabe B.4 Anfangsstabilität

Das Deplacement eines Schiffes setzt sich aus folgenden Teilmassen zusammen:
$m_1 = 4000$t mit $vcg_1 = 6{,}30$m,
$m_2 = 2000$t mit $vcg_2 = 7{,}50$m,
$m_3 = 4000$t mit $vcg_3 = 9{,}15$m
Der Verdrängungsschwerpunkt liegt bei KB = 2,75m über OKK, das Trägheitsmoment der Wasserlinienfläche beträgt $I_T = 60000\text{m}^4$. Berechen Sie die Anfangsstabilität GM_0.

Lösung: Depl. $= 10.000t$

$$KG = \frac{4000 \cdot 6{,}30 + 2000 \cdot 7{,}50 + 4000 \cdot 9{,}15}{10000} = 7{,}68m$$

$$GM = KB + \frac{I_T}{\nabla} - KG = 2{,}75 + \frac{60000 \cdot 1{,}025}{10000} - 7{,}68 = 1{,}22m$$

Aufgabe B.5 **Stabilität einer Bohrinsel**

Eine quadratische Bohrinsel hat 4 Rohre mit jeweils L = 30m Abstand. Die Masse beträgt 3600t mit einem Schwerpunkt 13,0m über Basis. Der Verdrängungsschwerpunkt liegt 3,0m über Basis. $\rho = 1{,}025 t/m^3$

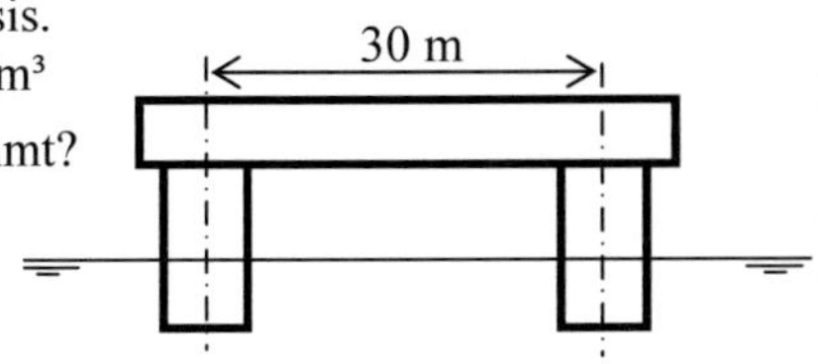

a) Wie groß muss der Rohr-∅ sein, damit die Insel stabil schwimmt?

b) Die norwegischen Behörden verlangen, dass die Insel auch mit einem beschädigten Bein stabil schwimmt. Wie groß ist der erforderliche Rohrdurchmesser? ($KB_{Leck} = 3{,}0m$).

c) Wie groß ist das Intakt-GM in diesem Fall?

Lösung: a) Erforderlicher Rohrdurchmesser

$$\nabla = \frac{Depl}{\rho} = 3512m^3$$

A = Rohrquerschnittsfläche

$$A_{ges.} = 4 \cdot A \qquad \text{mit } A = \frac{\pi \cdot d^2}{4}$$

$$I_T = 4 \cdot I_{eigen} + 4 \cdot A \cdot (L/2)^2 = 900A \qquad I_{eigen} = 4 \cdot (\frac{\pi \cdot d^4}{64}) \approx 0$$

$$GM = KB + BM - KG = KB + \frac{I_T}{\nabla} - KG \geq 0 \quad \text{(Grenzfall der Stabilität)}$$

$$GM = 0 \qquad => A = 39{,}0m^2 \;=> R = \sqrt{\frac{A}{\Pi}} = 3{,}52m$$

Hinweis: Die diagonalen Trägheitsachsen führen zum gleichen I_T

b) erforderlicher Durchmesser bei 3 Beinen

Die x-y-Achsen drehen um 45° (Symmetrie)

$$\left.\begin{array}{l} x_L = x_1 + x_2 \\ L^2 = x_L^2 + y_L^2 = 2 \cdot x_L^2 \end{array}\right\} x_L = \frac{L}{\sqrt{2}} = \frac{L \cdot \sqrt{2}}{2}$$

$$M_{L\,HL} = A \cdot \varnothing + 2 \cdot A \cdot x_L = A \cdot L \cdot \sqrt{2}$$

$$A_{ges} = 3 \cdot A \qquad lcf = \frac{M_{L_{HL}}}{A_{ges.}} = \frac{A \cdot L \cdot \sqrt{2}}{3 \cdot A} = lcb$$

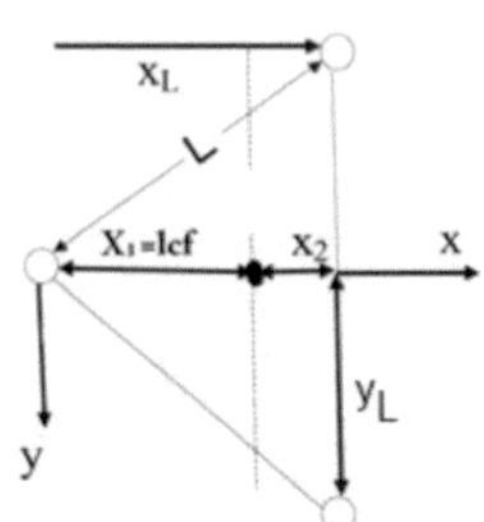

Strecke $x_1 = lcf \qquad = L \cdot \frac{\sqrt{2}}{3}$

Strecke $x_2 = x_L - lcf = L \cdot \sqrt{2} \cdot (\frac{1}{2} - \frac{1}{3}) = \frac{L \cdot \sqrt{2}}{6}$

$$I_{Leigen} = 3 \cdot \underbrace{I_{eigen}}_{\to 0} + 2 \cdot x_2^2 \cdot A + x_1^2 \cdot A = \frac{L^2}{2} \cdot (\frac{4}{9} + \frac{2}{9}) \cdot A = \frac{L^2}{3} \cdot A \qquad \text{mit } I_{eigen} \approx 0$$

$$I_{Teigen} = 3 \cdot \underbrace{I_{eigen}}_{\to 0} + 2 \cdot y_L^2 \cdot A = 2 \cdot (L \cdot \frac{\sqrt{2}}{2})^2 \cdot A = L^2 \cdot A \qquad \text{mit } I_{eigen} \approx 0 \text{ und } y_L = x_L$$

Das Längenträgheitsmoment ist kleiner als das Breitenträgheitsmoment
⇨ die Insel kentert um die y-Achse ($I_{Min} = I_L$).

$$GM = KB + \frac{I}{\nabla} - KG = 3{,}0m + \frac{\frac{L^2}{3} \cdot A \cdot \rho_{See}}{3600t} - 13{,}0m = 0 \qquad \text{(Grenzbedingung)}$$

$$\Rightarrow A = 117m^2 \Rightarrow R = \sqrt{\frac{A}{\Pi}} = 6{,}10m$$

c) Intakt $\Rightarrow I_{Min} = 4 \cdot \underbrace{I_{eigen}}_{\to 0} + 4 \cdot A \cdot (L/2)^2 = 117 \cdot L^2 \Rightarrow$

$GM_{Intakt} = KB + I_{min} / \nabla - KG = KB + 117 * L^2 / \nabla - KG = 19{,}98$ m

Aufgabe B.6 Stabilität und Formkurvenblatt

Von einem Schiff sind die Gewichtsbilanz (Depl, lcg, KG) und die Formkurvenblatt-Werte (L_{pp}, A_{Wl}, lcf, KM, MCT) bekannt. Eine Hieve der Masse m_H wird auf der Position (x_H, y_H, z_H) abgeladen. Wie ändern sich Tiefgang, Trimm und Krängung?

Beispiel: $Depl_O=2000t$, $lcg_O=40{,}0m$, $KG_O=8{,}0m$, $L_{pp}=85{,}0m$, $A_{wl}=1220m^2$, $T_0=4{,}00m$, $lcf=38{,}0m$, $KM_0 = KM_E=9{,}50m$, $MCT=2400tm/m$, $m_H=50t$, $x_H=70{,}0m$, $y_H=6{,}0m$, $z_H=15{,}0m$

Lösung:

a) Tiefertauchung und Schwerpunkte

Die Hieve wird im Wasserlinienschwerpunkt abgestellt
→keine Vertrimmung und keine Krängung

$Depl_E = Depl_0 + m_H \qquad = 2050t$

$Depl_E = \sigma \cdot \nabla_E \qquad \Rightarrow \nabla_E = 2000m^3$

$Depl_0 = \sigma \cdot \nabla_0 \qquad \Rightarrow \nabla_0 = 1951m^3$

$\nabla_E = \nabla_0 + A_{WL} \cdot dT \quad \rightarrow dT = 0{,}04m$

$T_E = T_0 + dT \qquad = 4{,}04m$

b) Trimm

$$M_{Tr} = m_H \cdot (lcf - x_H) \cdot \cos\varphi \quad (\cos\varphi \approx 1)$$

$$M_{aufr} = MCT \cdot \Delta T$$

$$\rightarrow \Delta T = \frac{m_H \cdot (lcf - x_H)}{MCT} = -0{,}67$$

$$T_{(x)} = T_E + (lcf - x) \cdot \tan\Psi \qquad \text{und mit} \qquad \tan\Psi = \frac{\Delta T}{Lpp}$$

$$x=0 \Rightarrow T_{HL} = T_E + lcf \cdot \frac{\Delta T}{Lpp} = 3{,}74m$$

$$x = Lpp \Rightarrow T_{VL} = T_E + (lcf - Lpp) \cdot \frac{\Delta T}{Lpp} = 4{,}41m$$

Hinweis: $T_{Hauptspant} = T_E + (lcf - Lpp/2) \cdot \frac{\Delta T}{Lpp} = 4{,}08\ m$

c) Schwerpunkte

$$KG_E = \frac{Depl_0 \cdot KG_0 + m_H \cdot z_H}{Depl_E} = 8{,}17m \quad \Rightarrow GM_E = KM_E - KG_E = 1{,}33m$$

d) Krängung

$$M_{Kr} = m_H \cdot y_H \cdot \cos\varphi$$

$$M_{aufr} = \rho \cdot \nabla_E \cdot GM_E \cdot \sin\varphi$$

$$\rightarrow \tan\varphi = \frac{m_H \cdot y_H}{\rho \cdot \nabla_E \cdot GM_E} \Rightarrow \varphi = 6{,}3°$$

Aufgabe B.7 gleichlastige Schwimmlage

Ein Ponton (L_{pp} = 40,0 m, B = 7,50m , σ =1,025t/m³) hat die Tiefgänge T_{VL} = 1,20m und T_{HL} = 2,40m. Der Ponton soll mit einer Masse m_H=90t beladen werden. Wo muß die Masse plaziert werden, damit der Ponton nach der Beladung gleichlastig schwimmt?

Lösung:

$\Delta T_0 = 2{,}40m - 1{,}20m \qquad = 1{,}20m$

$\Delta T_E = T_{HL_E} - T_{VL_E} \qquad = 0$

erf. Trimmänderung $\Delta T_{erf} = \Delta T_E - \Delta T_0 \qquad = -1{,}20m$

=> Das Schiff muss vorlastig getrimmt werden.

$I_L = L^3 \cdot B/12 \qquad = 40.000m^4$

$MCT = \rho \cdot I_L/L_{pp} \qquad = 1025tm/m$

$M_{Tr} = m_H \cdot (L_{cf} - x_H) \cdot \cos\varphi$ (mit $\cos\varphi = 1$)

$M_{auf} = \Delta T_{erf} \cdot MCT$

$$\Rightarrow x_H = L_{cf} - \frac{MCT \cdot \Delta T_{erf.}}{m_H} \qquad = 33{,}66m$$

Aufgabe B.8 Trimmänderung

Ein Schiff mit L_{pp}= 125,0m hat ein Depl.=12000t. Wenn man auf dem Schiff eine Masse m_H = 75t um die Distanz dx = +75,0m nach achtern verschiebt, ergibt sich eine Trimmänderung ΔT = +0,65m.

a. Berechnen Sie das Einheitstrimmoment.
b. Berechnen Sie das Längen-Trägheitsmoment der Wasserlinienfläche.
c. Berechnen Sie die Verschiebung des System-Gewichtsschwerpunktes.

Lösung:

a) $M_{TR} = m_H \cdot dx \cdot \cos\varphi$ (mit $\cos\varphi \approx 1$)

$M_{auf} = MCT \cdot \Delta T$

$$\Rightarrow MCT = \frac{m_H \cdot dx}{\Delta T} = 8654tm/m$$

b) $$MCT = \frac{\rho \cdot I_L}{L_{pp}} \qquad \Rightarrow I_L = 1056000m^4$$

c) $$dL_{cg} = \frac{M_{Tr}}{Depl} = \frac{m_H \cdot dx}{Depl} \qquad = 0{,}47m \text{ (nach achtern)}$$

Aufgabe B.9 Zusatzmasse

Ein Schiff mit Lpp= 120,0m hat die Tiefgänge $T_{HL\,0}$=5,80m und $T_{VL\,0}$=5,50m. Das Einheitstrimmoment beträgt MCT = 8000tm/m, die Verdrängungszunahme TPC = 13,0t/cm und der WL-Schwerpunkt Lcf = 62,50m. Anschließend wird eine Masse m_H=110t auf der Position x_H = 36,0m abgesetzt. Berechen Sie die neuen Tiefgänge an den Loten.

Lösung:

Tiefertauchung: $dT=\frac{m_{h.}}{TPC}$ $=8{,}46cm$

Mittlerer Endtiefgang: $T_E=T_{0Lcf}+dT$ $=5{,}74m$

Anfangstrimm: $\Delta T_0=T_{HL_0}-T_{VL_0}$ $=0{,}30m$

Zusatztrimm: $\Delta T_Z=\frac{m_{h.}\cdot(lcf-x_H)}{MCT}$ $=0{,}36m$

Endtrimm: $\Delta T_E=\Delta T_0+\Delta T_Z$ $=0{,}66m$

Endtiefgänge an den Loten: $T_{HL_E}=T_E+(lcf-0)\cdot\frac{\Delta T_{E.}}{Lpp}$ $=6{,}08m$

$T_{VL_E}=T_E+(lcf-Lpp)\cdot\frac{\Delta T_E}{Lpp}$ $=5{,}42m$

Aufgabe B.10 begrenzter Trimm

Ein Schiff mit Lpp = 120,0m hat die Tiefgänge T_{HL_0} = 6,90m und T_{VL_0} = 6,60m. Das Einheits-Trimmoment beträgt 10100tm/m, die Verdrängungszunahme TPC = 20,0t/cm und der WL-Schwerpunkt lcf=56,50m. Das Schiff soll eine Zusatzmasse m_H=240t übernehmen, allerdings darf der Tiefgang am hinteren Lot T_{HL} = 7,20m nicht überschritten werden. Berechnen Sie näherungsweise die achterlichst zulässige Position der Zusatzmasse.

Lösung:

Anfangstrimm: $\Delta T_0=T_{HL_0}-T_{VL_0}=6{,}90-6{,}60$ $=0{,}30m$

Anfangstiefgang: $T_{0_{lcf}}=T_{HL_0}-lcf\cdot\frac{\Delta T_0}{Lpp}$ $=6{,}76m$

Tiefertauchung: $dT=\frac{m_{h.}}{TCP\cdot 100}$ $=0{,}12m$

Endtiefgang: $T_E=T_0+dT$ $=6{,}88m$

Endtiefgang am HL: $T_{HL_E}=7{,}20=T_E+lcf\cdot\frac{\Delta T_E}{Lpp}=>\Delta T_E$ $=0{,}68m$

Trimmänderung: $\Delta T_{Änderung}=T_E-T_0=0{,}68-0{,}30$ $=0{,}38m$

Momentenbilanz: $\left.\begin{array}{l} M_{Tr}=m_H(lcf-x_H) \\ M_{Auf}=MCT\cdot\Delta T_{Änderung}\end{array}\right\}=>x_H=lcf-\frac{MCT\cdot\Delta T_{Änderung}\cdot}{m_H}=40{,}50m$

Aufgabe B.11 zusätzlicher Wasserballast

Ein Schiff mit Lpp= 150,0m hat die Tiefgänge T_{HL_0} = 8,90m und T_{VL_0} = 8,20m. Das Einheitstrimmoment beträgt 26000tm/m, die Verdrängungszunahme TPC = 28,0t/cm und der WL-Schwerpunkt 73,50m. Das Schiff soll durch Aufnahme von Wasserballast in einem Tank mit dem Volumenschwerpunkt x_{WB} = 135,0m gleichlastig getrimmt werden.

a. Wie groß ist die erforderliche Wasserballastmenge?
b. Welche Tiefgänge stellen sich nach der Übernahme des Wasserballasts ein?

Lösung: a) erforderliche Trimmänderung für Gleichlastigkeit ΔT = - 0,70m (vorlastig)

$$\left.\begin{aligned} M_{TR} &= m_{WB}\cdot(lcf - x_{WB}) \\ M_{auf} &= MCT\cdot\Delta T \end{aligned}\right\} \Rightarrow m_{WB} = \frac{MCT\cdot\Delta T}{lcf - x_{WB}} = 296t$$

b) $$T_E \approx \frac{T_{HL_0} + T_{VL_0}}{2} + \frac{m_{WB}}{TPC\cdot 100\frac{cm}{m}} = 8{,}66m = T_{HL\,E} = T_{VL\,E}$$

Aufgabe B.12 Anfangsstabilität, Krängung und Trimm

Gegeben ist ein Ponton mit folgenden Hauptdaten:

L_{pp} = 75,0m B = 12,0m H = 8,0m T_{CWL} = 6,0m ρ_{see} = 1,025 t/m³

a) Berechnen Sie für 6 verschiedene Tiefgänge die folgenden Werte:
Volumen, $Deplacement_{See}$, KB, BM, KM, MCT, Trimmfaktoren t_a + t_f, TPC
Tragen Sie die Werte in ein Formkurvenblatt ein (Ordinate = Tiefgang)

b) Die Reederei hat für einen Ladefall Gewicht und Schwerpunkte wie folgt ermittelt:
Depl=4800t Lcg=36,80m Vcg=3,70m (=KG) Tcg=0,05m (nach Stb)
Berechnen Sie GM_0, den Krängungswinkel φ und die Tiefgänge T_{VL} und T_{HL}.

c) Der Ponton soll mit einer zusätzlichen Masse m= 500t beladen werden.
Wie groß ist die Tiefertauchung?

Lösung:

a) $\nabla = Lpp\cdot B\cdot T$ $Depl_{See} = \rho\cdot\nabla$ mit $\rho = 1{,}025\ t/m^3$ KB = T/2

$$BM = \frac{I_T}{\nabla} = \frac{L\cdot B^3}{12\cdot L\cdot B\cdot T} = \frac{B^2}{12\cdot T}$$ $$t_a = \frac{lcf\cdot Depl}{MCT\cdot Lpp}$$

KM = KB + BM

$$I_L = \frac{B\cdot L^3}{12} = 421875m^4$$ $$t_f = \frac{(lcf - Lpp)\cdot Depl}{MCT\cdot Lpp}$$

$$MCT = \frac{\rho\cdot I_L}{Lpp} = 5765\frac{tm}{m} = const.$$ $$TPC = \frac{\rho\cdot A_{WL}}{100}$$

T(m)	∇(m³)	Depl(t)	KB(m)	BM(m)	KM(m)	MCT	ta	tf	TPC(t/cm)
1	900	922	0,50	12,00	12,50	5765	0,08	-0,08	9,225
2	1800	1845	1,00	6,00	7,00	5765	0,16	-0,16	9,225
3	2700	2767	1,50	4,00	5,50	5765	0,24	-0,24	9,225
4	3600	3690	2,00	3,00	5,00	5765	0,32	-0,32	9,225
5	4500	4612	2,50	2,40	4,90	5765	0,40	-0,40	9,225
6	5400	5535	3,00	2,00	5,00	5765	0,48	-0,48	9,225

b1.) $T_m = \frac{\nabla}{Lpp \cdot B} = \frac{Depl_{See}}{\rho_{See} \cdot Lpp \cdot B} = \frac{4800}{1{,}025 \cdot 75 \cdot 12} = 5{,}20m$ (oder aus Formkurvenblatt)

$GM_0 = KM - KG = 4{,}93m - 3{,}70m = 1{,}23$ m

b2.) Berechnung des Krängungswinkels φ

$$\left.\begin{array}{l} M_{Kr} = Depl \cdot tcg \cdot \cos\varphi \\ M_{aufr} = \rho \cdot \nabla \cdot GM \cdot \sin\varphi \end{array}\right\} \Rightarrow \tan\varphi = \frac{Depl \cdot tcg}{(\rho / \nabla) \cdot GM} \rightarrow \varphi = 2{,}3°$$

b3.) Berechnung der Tiefgänge T_{VL}, T_{HL}

$$T(x) = T_m + \frac{(lcf - x) \cdot Depl \cdot (lcb - lcg)}{MCT \cdot Lpp} \Rightarrow$$

x=0 → $T_{HL} = 5{,}49$m

x=Lpp → $T_{VL} = 4{,}91$m

c) $dT = \frac{m_H}{TPC \cdot 100_{[cm/m]}} = \frac{500}{922{,}5} = 0{,}54m$

Aufgabe B.13 Trimm und Formkurvenblatt

Ein Schiff hat ein Formkurvenblatt gemäß beigefügtem Diagram. Ferner ist das Ergebnis des Krängungsversuches bekannt: MLS = 6500t , lcg = 70,00m vor HL. Das Schiff soll eine Zuladung (Payload + Vorräte) von 9500t bei einem lcg = 81,00m erhalten.
Wieviel Wasser muß in die Achterpiek (lcg=3,50m) gefüllt werden, damit ein vorlastiger Trimm von 0,50m nicht überschritten wird?

Lösung:

	Masse [t]	lcg [m]
MLS	6500	70,00
dw	9500	81,00
$Depl^*_{ohne\ BW}$	16.000	76,53

$$Depl = 16.000 + m_A$$

$$Lcg = \frac{16000 \cdot 76{,}53 + m_A \cdot 3{,}50}{Depl}$$

$$\left.\begin{array}{l} M_{Tr.} = Depl. \cdot (lcb - lcg) \\ M_{aufr.} = MCT \cdot \Delta T \end{array}\right\} \quad Trimm = \Delta T = \frac{Depl}{MCT}(Lcb - Lcg) = -0{,}50m$$

(vorlastig)

m_{wB}	Depl aus FKB	MCT aus FKB	lcb	lcg	ΔT
0	16000	20300	74,40	76,53	-1,68
300	16300	20500	74,30	75,18	-0,69
600	16600	20700	74,25	73,89	+0,28
…					

Es sind 350t Wasserballast erforderlich, damit der Trimm -0,50 m nicht überschritten wird. (iterative Lösung)

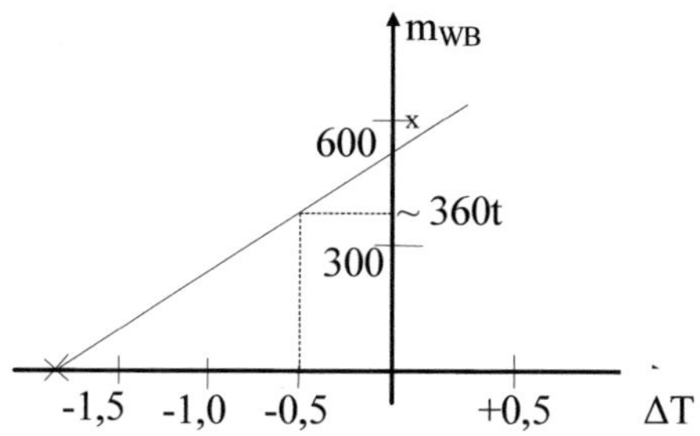

C) Numerische Integration und Formkurvenblatt

Aufgabe C.1 Simpson-Integration

Das Großsegel einer Yacht habe die nebenstehende Form.

a. Wie groß ist die Segelfläche?
b. Wo liegt der Schwerpunkt in z-Richtung?

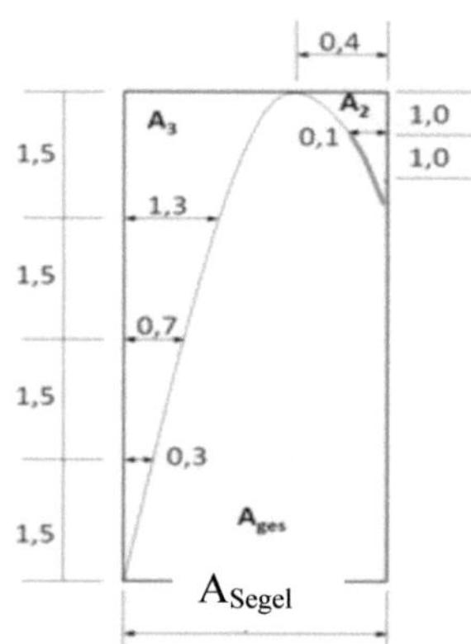

out of scale

Lösung:

a) $A_{Segel} = A_1 - A_2 - A_3$

$$A_1 = 2{,}4m \cdot 6{,}0m = 14{,}4\ m^2$$

$$A_2 = \frac{1m}{3}(1 \cdot 0 + 4 \cdot 0{,}1 + 1 \cdot 0{,}4)m = 0{,}266m^2$$

$$A_3 = \frac{1{,}5m}{3}(0 + 4 \cdot 0{,}3 + 2 \cdot 0{,}7 + 4 \cdot 1{,}3 + 2{,}0)m = 4{,}9m^2$$

$$\Rightarrow A_{Segel} = (14{,}4 - 0{,}266 - 4{,}9)m^2 = 9{,}23\ m^2$$

b) $z_1 = 6{,}0m / 2 = 3{,}00m$

$$z_2 = \frac{M_V}{A_2} = \frac{\int z \cdot ydz}{\int ydz} = \frac{1{,}0}{3A_2}(1 \cdot 0 \cdot 4{,}0 + 1 \cdot 4 \cdot 0{,}1 \cdot 5{,}0 + 1 \cdot 0{,}4 \cdot 6{,}0) = 5{,}51m$$

$$z_3 = \frac{1{,}5}{3A_3}(0 + 4 \cdot 0{,}3 \cdot 1{,}5 + 2 \cdot 0{,}7 \cdot 3{,}0 + 4 \cdot 1{,}3 \cdot 4{,}5 + 1 \cdot 2{,}0 \cdot 6{,}0) = 4{,}22m$$

$$z_{Segel} = (A_1 \cdot z_1 - A_2 \cdot z_2 - A_3 \cdot z_3)/A_{Segel} = 2{,}28m$$

Aufgabe C.2 Wasserlinien-Berechnung

Ein Schiff mit 120,00m Länge hat folgende Wasserlinien-Aufmaße

Spt.	$HL_{=0}$	0,5	1	1,5	**2**	3	4	5	6	7	**8**	8,5	9	9,5	$VL_{=10}$
X	0	6,0	12,0	18,0	**24,0**	36,0	48,0	60,0	72,0	84,0	**96,0**	100,0	108,0	114,0	120,0
Y	1,20	3,50	5,30	6,80	**8,00**	8,30	8,50	8,50	8,50	8,40	**8,20**	7,90	6,20	3,50	0

Berechnen Sie die Wasserlinienfläche, das Breiten-Trägheitsmoment, Schwerpunkt der WL-Fläche, Völligkeit der WL und die Verdrängungszunahme TPC (t/cm).

Lösung:

$$dx = \frac{Lpp}{10} = 12m \qquad \kappa_f = \kappa_a = 0{,}5$$

$$SF = \{0{,}5,\ 2,\ 1,\ 2,\ 1{,}5,\ 4,\ 2,\ 4,\ 2,\ 4,\ 1{,}5,\ 2,\ 1,\ 2,\ 0{,}5\}$$

$$A_{WL} = \frac{2dx}{3}\sum y \cdot SF = 1716\ m^2 \qquad c_{WP} = \frac{A_{WL}}{L \cdot B} = \frac{1716m^2}{120m \cdot 2 \cdot 8{,}5m} = 0{,}84$$

$$I_T = \frac{2dx}{9}\sum y^3 \cdot SF = 35575\ m^4 \qquad TPC = \rho\frac{A_{WL}}{100} = 17{,}5\ t/cm$$

$$lcf = \frac{\frac{2dx}{3}\sum x \cdot y \cdot SF}{A_{WL}} = 60{,}56m$$

Aufgabe C.3 Spantflächen-Berechnung

Für den Spant Nr.1 (x= 10,9m vor HL) sind die folgenden Aufmaßdaten gegeben:

z (m)	0	1,0	2,0	3,0	4,0	5,0	6,0	7,0	8,0	9,0	10,0
y (m)	0,29	0,91	1,23	1,47	1,90	2,87	4,72	5,90	6,63	7,08	7,30

a. Berechnen Sie Spantflächen und Momente unter Verwendung eines Formulares.
b. Ermitteln Sie die Spantfläche unter Verwendung des Planimeters

Lösung:

FH-Kiel | **Kurvenblatt A** | Formblatt: **Aufg. C3**

Institut für Schiffbau | Berechnung von Spantflächen und Momenten | Name:

Dat.:

Spant-Nr.= **x= 10,90 m vor HL**

	WL z(m) I	0,5*Breite y(m) II	SF III		Prod.-Fläche y * SF IV=II*III		Prod.-Moment v z * y * SF V=I*IV				
	0	0,29	1		0,29		0,00	dA = (2/3)*dz	*Σ4 =	3,44	m^2
	1	0,91	4		3,64		3,64	dM= (2/3)*dz	*Σ5 =	4	m^3
	2	1,23	1		1,23		2,46	A ges =	Σ δA =	3,44	m^2
dz=	1,00	m		Σ4=	5,16	Σ5=	6,10	M ges =	Σ δM=	4	m^3
	2	1,23	1		1,23		2,46	dA = (2/3)*dz	*Σ4 =	6,01	m^2
	3	1,47	4		5,88		17,64	dM= (2/3)*dz	*Σ5 =	18	m^3
	4	1,90	1		1,90		7,60	A ges =	Σ δA =	9,45	m^2
dz=	1,00	m		Σ4=	9,01	Σ5=	27,70	M ges =	Σ δM=	23	m^3
	4	1,90	1		1,90		7,60	dA = (2/3)*dz	*Σ4 =	12,07	m^2
	5	2,87	4		11,48		57,40	dM= (2/3)*dz	*Σ5 =	62	m^3
	6	4,72	1		4,72		28,32	A ges =	Σ δA =	21,51	m^2
dz=	1,00	m		Σ4=	18,10	Σ5=	93,32	M ges =	Σ δM=	85	m^3
	6	4,72	1		4,72		28,32	dA = (2/3)*dz	*Σ4 =	23,30	m^2
	7	5,90	4		23,60		165,20	dM= (2/3)*dz	*Σ5 =	164	m^3
	8	6,63	1		6,63		53,04	A ges =	Σ δA =	44,81	m^2
dz=	1,00	m		Σ4=	34,95	Σ5=	246,56	M ges =	Σ δM=	249	m^3
	8	6,63	1		6,63		53,04	dA = (2/3)*dz	*Σ4 =	28,17	m^2
	9	7,08	4		28,32		254,88	dM= (2/3)*dz	*Σ5 =	254	m^3
	10	7,30	1		7,30		73,00	A ges =	Σ δA =	72,98	m^2
dz=	1,00	m		Σ4=	42,25	Σ5=	380,92	M ges =	Σ δM=	503	m^3

Aufgabe C.4 Volumen und Schwerpunkt

Ein rechteckiges Ruderblatt (L=4,5 m , H=6,0m) habe folgende Profil-Aufmaße:

x(m)	1,00	0,75	**0,50**	0,00	-0,50	-1,00	-1,50	-2,00	-2,50	-3,00	-3,50
y(m)	0	0,45	**0,60**	0,65	0,60	0,40	0,30	0,20	0,10	0,05	0,00

Der Schaft habe einen Durchmesser von 0,35m und eine Länge von 1,0m.
Die Schaftmitte liegt bei x=0.

a. Wie groß ist das Volumen ohne Schaft?
b. Wo liegt der Volumen-Schwerpunkt (lcb, vcb) mit Schaft?

Lösung:

$A_{WL} = 2 \cdot \int y dx = \frac{2dx}{3} \sum y \cdot SF \qquad M_{LWL} = 2 \cdot \int x \cdot y dx = \frac{2dx}{3} \sum x \cdot y \cdot SF$

$lcf = \frac{M_{L_{WL}}}{A_{WL}} = lcb$

a) Ruder:

$dx = 0,5 \qquad dx_v = 0,25 \Rightarrow \square_v = \frac{dx_v}{dx} = 0,5$

$A_{WL} = \frac{2 \cdot 0,5}{3} \cdot (0,5 \cdot 0 + 4 \cdot 0,5 \cdot 4,5 + (0,5+1) \cdot 0,6 + 4 \cdot 0,65 + 2 \cdot 0,6 + 4 \cdot 0,4 + 2 \cdot 0,3 + 4 \cdot 0,2 + 2 \cdot 0,1 + 4 \cdot 0,05 + 1 \cdot 0 = 3,00 m^2$

$M_{L\_WL} = \frac{2 \cdot 0,5}{3} (0,5 \cdot 0 \cdot 1 + (4 \cdot 0,5) \cdot 0,45 \cdot 0,75 + (0,5+1) \cdot 0,6 \cdot 0,54 + 4 \cdot 0,65 \cdot 0 + 2 \cdot 0,6 \cdot (-0,5) + 4 \cdot 0,4 \cdot (-1) \ldots 4 \cdot 0,05 \cdot (-3) + 1 \cdot 0 \cdot (-3,5) = -1,548 m^3$

$Vol_R = A_{WL} \cdot H \qquad = 18 m^3$
$lcb_R = lcf_R = M_L / A_{WL} \qquad = -0,519 m$
$vcb_R = H/2 \qquad = 3,00 m$

b) Schaft:

$Vol_S = \frac{\Pi \cdot D^2}{4} \cdot l_S \qquad = 0,096 m^3$
$lcb_S \qquad = 0$
$vcb_S = H + l_S/2 \qquad = 6,50 m$

Gesamt:

$Vol_{ges} = Vol_R + Vol_S = 18,0 + 0,096 \qquad = 18,10 m^3$

$lcb_{ges} = \frac{Vol_R \cdot lcb_R + Vol_S \cdot lcb_S}{Vol_{ges}} = \frac{18 \cdot (-0,519) + 0,096 \cdot 0}{18,096} = -0,516 m$

$vcb_{ges} = \frac{Vol_R \cdot vcb_R + Vol_S \cdot vcb_S}{Vol_{ges}} = \frac{18 \cdot 3,0 + 0,096 \cdot 6,5}{18,096} = 3,02 m$

Aufgabe C.5 Formkurvenblatt Wasserlinie

Die WL-Fläche eines Schiffes (Lpp=109,0m) sei wie folgt gegeben:

Spt.-Nr.	0'	1'	2	3	4	5	6	7'	8'
x (m vor HL)	4,50	13,15	21,8	32,7	43,6	54,5	65,4	73,58	81,76
y (m)	0	0,29	0,29	1,92	4,35	**6,20**	4,33	2,31	0

Berechnen Sie für diese Wasserlinie die Fläche, den Schwerpunkt, die Trägheitsmomente und das Einheitstrimm-Moment (Formular L5).

Lösung:

1) $A_{WL} = 2 \cdot \int_0^L y dx$ **2)** $M_{LWL} = 2 \cdot \int_0^L xy dx$ **3)** $Lcf = \frac{M_{LWL}}{A_{WL}}$ **4)** $I_{L_{ML}} = 2 \cdot \int_0^L x^2 y dx$

5) $I_{L_{eigen}} = I_{L_{ML}} - A_{WL} \cdot lcf^2$ **6)** $I_T = \frac{2}{3} \cdot \int_0^L y^3 dx$ **7)** $MCT = \frac{\rho \cdot I_L}{Lpp}$ **8)** $c_{WP} = \frac{A_{WL}}{B \cdot T}$

Fachhochschule Kiel	**Kurvenblatt B**	Aufgabe	**C-5**
Institut für Schiffbau	Wasserlinien-Berechnung	Name:	
		Dat.:	

WL =		m ü.B.				
Lpp =	**109.00**	m	Spantabstand dx=	**10.90**	m	
Lwl=		m	Spt.-abstand hinten dx_h=	**8.65**	m	κh=dx_h/dx= 0.794
B =	**12.40**	m	Spt.-abstand vorn dx_v=	**8.18**	m	κv=dx_v/dx= 0.750

Spt.-Nr.	Lage vor HL x (m) I	0,5*Breite y(m) II	SF III		Prod.-Fläche y * SF IV=II*III	Prod.-Moment L x * y * SF V=I*IV	Prod-Träghm. L x² *y * SF VI=I*V	Prod-Träghm. T y³ * SF VII=II³ *III
0'	4.5	0.00	0.79	κh	0.0	0	0	0
1'	13.15	0.29	3.17	4*κh	0.9	12	159	0
2	21.8	0.29	1.79	1+κh	0.5	11	247	0
3	32.7	1.92	4		7.7	251	8212	28
4	43.6	4.35	2		8.7	379	16538	165
5	54.5	6.20	4		24.8	1352	73662	953
6	65.4	4.33	1.75	1+κv	7.6	496	32419	142
7'	73.58	2.31	3.00	4*κv	6.9	510	37542	37
8'	81.76	0.00	0.75	κv	0.0	0	0	0
					Σ4= 57.1	Σ5= 3011	Σ6= 168780	Σ7= 1325

Awl = (2/3) * dx * S4 =	415.2 m²	$I_{L\ eigen}$ = I_L - Awl * Lcf²=	73,066 m^4
Lcf = S5 / S4 =	52.71 m	MCT= Rho* $I_{L\ eigen}$ / Lpp=	687 tm/m
Mom L= (2/3) * dx * S5=	21,883 m³	I_T = (2/9) * dx * S7 =	3,211 m^4
I_L = (2/3) * dx * S6 =	1,226,467 m^4	cwp = Awl / (Lpp * B) =	0.31

Aufgabe C.6 Formkurvenblatt Verdrängung

Von einem Schiff sind aus dem "Formkurvenblatt A" folgende Werte bekannt:

Spt.-Nr.	0'	1'	2	3	4	5	6	7	8	9'	10'
x (m vor HL)	-5,0	8,4	21,8	32,7	43,6	54,5	65,4	76,3	87,2	98,6	110,0
Aspt (m^2)	0	26,4	84,5	112,2	124,7	129,1	124,6	105,8	74,5	41,2	0
Mspt (m^3)	0	223,4	411,3	493,1	518,2	527,4	520,8	459,9	341,7	229,4	0

Lpp=109,0m B=16,40m T=8,0m I_T=27.575m^4 I_{Leigen}=987.050 m^4

Berechnen Sie alle Werte des "Formkurvenblattes B" (Formular L6).

Lösung:

1) $\nabla = \int_0^L A_{Spt.} dx$ 2) $Depl. = \rho \cdot AF \cdot \nabla$ 3) $M_{L_{Vol.}} = \int x \cdot A_{Spt.} dx$

4) $Lcb = \dfrac{M_{L_{Vol.}}}{\nabla}$ 5) $M_{V_{Vol.}} = \int M_{V_{Spt.}} dx$ 6) $KB = \dfrac{M_{V_{Vol.}}}{\nabla}$

7) $BM = \dfrac{I_T}{\nabla}$ 8) KM=KB+BM 9) $c_{B.} = \dfrac{\nabla}{L \cdot B \cdot T}$

Institut für Schiffbau — Verdrängungs-Berechnung — Name: C.6

FH-Kiel — Dat.:

T	**8,00**	m ü.B.	Spantabstand dx=	**10,90**	m		
Lpp =	**109,00**	m	Spt-Abstand hinten dxh=	**13,40**	m	κ_h=dxh/dx=	**1,23**
B =	**16,40**	m	Spt-Abstand vorn dxv=	**11,40**	m	κ_v=dxv/dx=	**1,05**

Spt.-Nr.	Lage vor HL x (m) I	Spt.-Fl. Aspt II	Spt.-Mom. Mspt III	SF IV		Prod.-Volumen Aspt * SF V=II*IV	Prod.-Moment L x * Aspt * SF VI=I*V	Prod.-Moment v Mspt * SF VII=III*IV
0'	**-5,00**	**0,00**	**0,00**	1,229	κ_h	0,00	0,0	0,0
1'	**8,40**	**26,40**	**223,40**	4,917	4*κ_h	129,82	1090,5	1098,6
2	**21,80**	**84,50**	**411,30**	2,229	1+κ_h	188,38	4106,7	916,9
3	**32,70**	**112,20**	**493,10**	4		448,80	14675,8	1972,4
4	**43,60**	**124,70**	**518,20**	2		249,40	10873,8	1036,4
5	**54,50**	**129,10**	**527,40**	4		516,40	28143,8	2109,6
6	**65,40**	**124,60**	**520,80**	2		249,20	16297,7	1041,6
7	**76,30**	**105,80**	**459,90**	4		423,20	32290,2	1839,6
8	**87,20**	**74,50**	**341,70**	2,046	1+κ_v	152,42	13290,8	699,1
9'	**98,60**	**41,20**	**229,40**	4,183	4*κ_v	172,36	16994,7	959,7
10'	**110,00**	**0,00**	**0,00**	1,046	κ_v	0,00	0,0	0,0
					Σ5=	**2530**	Σ6= **137764**	Σ7= **11674**

$Vol._{Spt}$ = (1/3) * dx * Σ5 =	**9192** m^3	BM = I_T / $Vol._{Spt}$ =	**3,00 m**
$Depl._{See}$ ~ 1,03 * Vol. spt =	**9468** t	KM = KB + BM =	**7,61 m**
Lcb = Σ6 / Σ5 =	**54,45** m	BM_L= I_L eigen / $Vol._{Spt}$=	**107,37 m**
KB = Σ7 / Σ5 =	**4,61** m	KM_L = KB + BM_L =	**111,99 m**
cb = $Vol._{Spt}$ / (Lpp*B*T) =	**0,643**	"I_T" + "I_L eigen" siehe Extra-Formblatt	

D) Affine Verzerrung und Verdrängung

Aufgabe D.1 Affine Verzerrung

Ein Schiff soll die Hauptabmessungen Lpp=160 m, B=23,0 m, T=11,0 m, cb=0,753 erhalten. Zur Erstellung des Linienrisses soll ein Vergleichsschiff affin verzerrt werden.
Vom Vergleichsschiff sind bekant:

Lpp* = 163,00m	B* = 22,40m	Depl* = 28900t	
KB* = 5,34m	BM* = 3,97m	lcb* = 84,36m	MCT* = 32800tm/m
lcf* = 80,85m	Spt 17: x*=146,7m	$A_{spt}^* = 124m^2$	$Mv_{spt}^* = 645m^3$

$\alpha^*_{cwl} = 26°$

Berechnen Sie die Formkurvenblatt-Werte, Trimmfaktoren und Wasserlinienwinkel.

Lösung:

Fachhochschule Kiel	Affine Verzerrung des			Formblatt :	
Institut für Schiffbau	Kurvenblattes			Name:	D.1
				Dat.:	
Lpp=	160,00 m	Lpp*=	163,00 m	λ = L / L* =	0,982
B=	23,00 m	B* =	22,40 m	β = B / B* =	1,027
T_{max}=	11,00 m	T_{max}^* =	10,20 m	τ = T / T* =	1,078
cb=	0,753	cb*=cb=	0,753	* =Vergleichsschiff	

		Formel	Quelle	Fall 1
1	Depl=		Vorentwurf	**31419**
2	Depl*=	Depl / (λ* β * τ)		28.900,00
3	T*=		Kurvenblatt*	**10,20**
4	Lcf*=		Kurvenblatt*	**80,85**
5	Lcb*=		Kurvenblatt*	**84,36**
6	MCT*=		Kurvenblatt*	**32800**
7	KM*=		Kurvenblatt*	**9,31**
8	KB*=		Kurvenblatt*	**5,34**
9	BM*=	KM* - KB*	^7 - 8	3,97
10	T=	T* τ	^ 3 * τ	11,00
11	Lcf=	Lcf* λ	^ 4 * λ	79,36
12	Lcb=	Lcb* λ	^ 5 * λ	82,81
13	MCT=	MCT* λ λ β	^ 6 * λ* λ* β	32.450,28
14	KB=	KB* τ	^ 8 * τ	5,76
15	BM=	BM* β β /τ	^ 9 * β* β/τ	3,88
16	KM=	KB + BM	^ 14 + 15	9,64
17	Vcg=		Vorentw urf	
18	GM=	KM - KG	^ 16 - 17	9,64
19	Lcg=		Vorentw urf	
20	t_f=	Depl*(Lcf-Lpp) / MCT*Lpp	^ 1*[11- Lpp) / 13*Lpp	-0,49
21	t_a=	Depl*Lcf / MCT*Lpp	^ 1 * 11 / 13*Lpp	0,48

Spant 17: $x = x^* \cdot \lambda = 144{,}05$ $\quad A_{spt} = A_{spt}^* \cdot \beta\tau = 137\ m^2$ $\quad M_{Vspt} = M_{Vspt}^* \cdot \beta\tau^2 = 769\ m^3$

$\tan\alpha = \beta/\lambda \cdot \tan\alpha^* = 0{,}51 \quad \Rightarrow \quad \alpha = 27{,}02°$

Aufgabe D.2 Hauptabmessungen

Ein Projekt-Entwurf soll die folgenden Zielwerte erreichen:

$Vol. = 9200 m^3$ $T=6{,}80m$ $KM=7{,}50m$

Der Linienriß wird durch affine Verzerrung eines Vergleichsschiffes gewonnen.

$Lpp^*=112{,}0m$ $B^*=17{,}1m$ $T^*=5{,}65m$ $Vol^*=6630m^3$

$KB^*=2{,}90m$ $KM^*=7{,}20m$

Berechnen Sie die Länge und die Breite des Projekt-Entwurfes.

Lösung:

1. $\tau = T/T^* = 1{,}204$
2. $KM = KB + BM = \tau \cdot KB^* + \beta^2/\tau \cdot (KM^* - KB^*) \Rightarrow \beta = 1{,}059$
3. $B = B^* \cdot \beta = 18{,}11m$
4. $\frac{\nabla}{\nabla^*} = \lambda \cdot \beta \cdot \tau \Rightarrow \lambda = 1{,}089 \Rightarrow L = L^* \cdot \lambda = 121{,}97\ m$

Aufgabe D.3 Geometrische Ähnlichkeit

Ein Ponton hat Länge $L_{pp}^* = 75{,}00$ m, Breite $B^* = 9{,}00$ m und Tiefgang $T^*=6{,}00$ m und einem Blockkoeffizienten $c_B^* = 1{,}00$. Ein Ponton mit geometrisch ähnlicher Form und $\nabla=3200\ m^3$ soll entwickelt werden. Berechen Sie Länge, Breite und Tiefgang des Projektes.

Lösung:

$Vol = 3200m^3$

$Vol^* = L^* \cdot B^* \cdot T^* \cdot c_B^* = 75m \cdot 9m \cdot 6m \cdot 1{,}0 = 4050m^3$

$$\Rightarrow \frac{Vol}{Vol^*} = \frac{L \cdot B \cdot T}{L^* \cdot B^* \cdot T^*} = \lambda \cdot \beta \cdot \tau = \frac{3200}{4050} = 0{,}79$$

geometrische Ähnlichkeit: $\lambda = \beta = \tau \Rightarrow \lambda^3 = 0{,}79 \Rightarrow \lambda = \sqrt[3]{0{,}79} = 0{,}924$

$L = L^* \cdot \lambda = 75{,}0m \cdot 0{,}9244 = 69{,}34m$

$B = B^* \cdot \beta = 9{,}0m \cdot 0{,}9244 = 8{,}32m$

$T = T^* \cdot \tau = 6{,}0m \cdot 0{,}9244 = 5{,}55m$

Aufgabe D.4 Schiffsverlängerung (KM)

Von einem Schiff sind folgende Formwerte bekannt:

$B=23{,}0m$ $T=9{,}0m$ $Depl._0=23700t$ $cm=0{,}98$ $KB_0=5{,}20m$ $KM_0=8{,}80m$

Das Schiff soll im parallelen Teil um dL = 15,0m verlängert werden.

Wie groß ist der KM_E-Wert nach Verlängerung?

Lösung:

1. $\nabla_0 = Depl_0 / 1{,}025 = 23121\ m^3$
2. $I_{To} = (KM_0 - KB_0) \cdot \nabla_0 = 82832m^4$
3. $I_{TE} = I_{To} + dL \cdot B^3/12 = 98447\ m^4$
4. $\nabla_E = \nabla_0 + dL \cdot B \cdot T \cdot c_m = 26164m^3$
5. $KB_E = \dfrac{KB_0 \cdot \nabla_0 + (dL \cdot B \cdot T \cdot c_m) \cdot \frac{T}{2}}{\nabla_E} = 5{,}12\ m$
6. $KM_E = KB_E + \dfrac{I_{TE}}{\nabla_E} = 8{,}88m \Rightarrow \Delta KM = +0{,}08\ m$

Aufgabe D.5 Schiffsverlängerung (c_B)

Ein Projekt-Schiff hat folgende vorläufige Daten: Lpp_0=120,00 m, B= 17,00m , T=7,20m, cb_0=0,76 , cm= 0,96 . Das Schiff soll um 6,0m verlängert werden. Wie groß ist der Blockkoeffizient nach Verlängerung?

Lösung:

$$\nabla_0 = L_0 \cdot B \cdot T \cdot c_{B_0} = 11162 m^3$$

$$d\nabla = dL \cdot B \cdot T \cdot c_M = 705 m^3$$

$$\nabla_{E.} = \nabla_0 + d\nabla = 11867\ m^3$$

$$L_{E.} = L_0 + dL = 126{,}0 m$$

$$c_{B_{E.}} = \frac{\nabla_{E.}}{L_{E.} \cdot B \cdot T} = 0{,}77$$

E) Stabilität bei größeren Krängungswinkeln

Aufgabe E.1 Hebelarm-Kurve, Stabilitätsanteile

Von einem Schiff mit senkrechten Wänden sind folgende Werte bekannt:

Lpp=112,0m B=15,50m H=7,80m T=5,70m

Depl.=6500t KG=6,00m KM=6,40m I_T=19500m4

Ermitteln Sie die Kurve der aufrichtenden Hebelarme h(φ) für den Krängungsbereich, bis Seite Deck zu Wasser kommt. Berechnen Sie dabei einzeln die Anteile der Gewichts- und Formzusatz-Stabilität.

Lösung:

1. Seite Deck zu Wasser

   $$\tan\varphi = \frac{H - T}{B/2} \Rightarrow \varphi = 15{,}16°$$

2. $GM_0 = KM - KG = 0{,}40$ m

   $$BM_0 = \frac{I_T \cdot \rho_{See}}{Depl} = 3{,}08 m$$

3. $h_k = GM_0 \cdot \sin\varphi$

   $$h_z = \frac{\tan^2\varphi}{2} \cdot BM_0 \sin\varphi$$

   $$h = h_k + h_z$$

φ	h_k	h_z	h
5°	0,0348	0,0011	0,0359
10°	0,0694	0,008	0,0774
15°	0,1035	0,029	0,1325

Aufgabe E.2 GM-Änderung

Ein Projekt-Schiff hat folgende Daten: $Depl_0 = 150t$, $T_0 = 1{,}65m$, $\rho = 1{,}025t/m^3$
$GM_0 = 0{,}45m$, $KG_0 = 1{,}98m$, $KB_0 = 0{,}90m$, $TPC = 2{,}00\ t/cm$.
Das Schiff soll zusätzlich m_H=20t mit vcg_H=3,60m tragen können. Wie ändern sich KM_E, KG_E und GM_E, wenn die Wasserlinienfläche als konstant angenommen wird?

Lösung:

Tiefertauchung dT =

$$\frac{m_H}{TPC} = \frac{20t}{2{,}0_{[t/cm]}} = 10cm \qquad = 0{,}10m$$

$$Depl._{E.} = Depl._0 + m_H = 170t$$

$$I_{To} = BM_0 \cdot \nabla_0 = (KG_0 + GM_0 - KB_0) \cdot \frac{Depl._0}{\rho} \qquad = 224m^4$$

$$BM_E = \frac{I_{TE}}{\nabla_E} = \frac{I_{To} \cdot \rho}{Depl_E} = \frac{224 \cdot 1{,}025}{170} = 1{,}35\,m$$

$$KB_E = \frac{\left(\frac{Depl_0}{\rho} \cdot KB_0 + \frac{m_H}{\rho} \cdot (T_0 + dT/2)\right)}{Depl_E / \rho} = \frac{150 \cdot 0{,}90 + 20 \cdot (1{,}65 + 0{,}05)}{170} = 0{,}99m$$

$$KM_E = KB_E + BM_E \qquad = 2{,}34m$$

$$KG_E = \frac{Depl_0 \cdot KG_0 + m_H \cdot vcg_H}{Depl_E} = \frac{150\,t \cdot 1{,}98\,m + 20\,t \cdot 3{,}60\,m}{170\,t} \qquad = 2{,}17m$$

$$GM_E = KM_E - KG_E \qquad = 0{,}17m$$

Aufgabe E.3 KG bei negativer Anfangsstabilität

Ein Frachtschiff mit senkrechten Seitenwänden hat negative Anfangsstabilität und daher eine Schlagseite von $\varphi = 4°$. Aus dem Formkurvenblatt sind bekannt:
Depl. = 3500t KM = 3,20m $I_T = 7400m^4$
Wie hoch liegt der Gewichtsschwerpunkt?

Lösung:

$$\nabla = \frac{Depl}{\rho \cdot AF} = \frac{3500}{1{,}03} \qquad = 3397m^3$$

$$BM = \frac{I_T}{\nabla} = \frac{7400}{3397} \qquad = 2{,}18m$$

$$0 = h = GM_0 \cdot \sin\varphi + \frac{BM}{2} \tan^2\varphi \cdot \sin\varphi$$

$$\rightarrow GM_0 = -\frac{BM}{2} \cdot \tan^2\varphi \qquad = -0{,}0053m$$

$$KG = KM - GM = 3{,}20 - (-0{,}0053) \qquad = 3{,}205m$$

Aufgabe E.4 Krängungswinkel bei negativer Anfangsstabilität

Ein aufrecht schwimmendes Schiff hat im Departure-Zustand $Depl._0$ =7200t und KG_0 =5,20m. Anschließend werden m_F = 300t Brennstoff mit vcg_F=0,60m verbraucht. Im Arrival-Zustand entnimmt man aus dem Formkurvenblatt KM_E=5,35m und KB_E=3,12m. Wie groß ist der Krängungswinkel im Arrival-Zustand ohne Berücksichtigung freier Oberflächen?

Lösung:

$$KG_E = \frac{Depl._0 \cdot KG_0 - m_F \cdot vcg_F}{Depl._E} = 5{,}40\,m$$

$$BM_E = KM_E - KB_E = 5{,}35 - 3{,}12 = 2{,}23\,m$$

$$GM_E = KM_E - KG_E = 5{,}35 - 5{,}40 = -0{,}05\,m < 0$$

$$h = 0 = GM_E \cdot \sin\varphi + \frac{BM_E}{2} \cdot \tan^2\varphi \cdot \sin\varphi$$

$$\rightarrow \tan\varphi = \sqrt{\frac{-2GM_E}{BM_E}} \quad \Rightarrow \varphi = 11{,}9^\circ$$

Aufgabe E.5 Krängungswinkel mit Formzusatzstabilität

Eine Yacht hat folgende Kennwerte: $Vol_{Spt.}$=100m³ KB=0,60m KG=2,40m I_T=200m⁴
Wie groß ist der Krängungswinkel, wenn ein Krängungsmoment von $M_{Kr\text{-}0}$ = 3,5 tm aufgebracht wird? (senkrechte Wände, Seite Deck kommt nicht zu Wasser)

Lösung:

$$BM = \frac{I_T}{\nabla} = 2{,}00m$$

$$GM_0 = KB + BM - KG = 0{,}20m$$

$$h_{kr} = \frac{M_{Kr}}{\rho \cdot \nabla} \cdot \cos\varphi = 0{,}03415 \cdot \cos\varphi$$

$$h_{aufr} = (GM + \frac{BM}{2}\tan^2\varphi) \cdot \sin\varphi$$

$$\Rightarrow dh = h_{aufr} - h_{kr} = 0$$

$$dh = (GM_0 + (BM/2)\tan^2\varphi) \cdot \sin\varphi - 0{,}03415 \cdot \cos\varphi$$

Iterative Lösung:

φ	dh
10°	+0,0065
8°	-0,003

dh=0 $\Rightarrow \varphi \approx 8{,}6^\circ$

Aufgabe E.6 Flächenberechnung

Ein Schiff hat die Hebelarmkurve h(φ)

φ	0°	5°	10°	20°	30°	40°
h	0 m	0,06m	0,12m	0,20m	0,27m	0,26m

a. Wie groß ist die Metazentr. Höhe GM_0?
b. Wie groß sind $A_{30°}$ und $A_{40°}$?

Lösung:

$$GM_0 = \frac{\partial h}{\partial \varphi} = \frac{h_5 - h_0}{(5° - 0°) \cdot \frac{\pi}{180°}} = 0{,}688\text{m}$$

$$A_{30} = \frac{3}{8} \cdot \frac{10° \cdot \pi}{180°}(\underbrace{h_0}_{0} + 3h_{10} + 3h_{20} + h_{30}) = 0{,}080\text{m}$$

$$A_{40} = \frac{10° \cdot \pi}{3 \cdot 180°}(\underbrace{h_0}_{0} + 4h_{10} + 2h_{20} + 4h_{30} + h_{40}) = 0{,}129\text{m}$$

Aufgabe E.7 Mindest-GM_0 bzw. KG_{Max}

Von einem Frachtschiff sind folgende Werte bekannt:
Depl = 6000t $KM_0 = 6{,}40$m

Phi(°)	0°	10°	20°	30°	40°	50°	60°
Pantokarene w	0	1,141	2,259	3,320	4,244	4,943	5,393

a) Berechnen Sie die Hebelarme der Formzusatzstabilität $h_z(\varphi)$
b) Das Schiff gilt als kentersicher, wenn die folgenden Kriterien erfüllt sind:
- $h_{30°}$ $\geq 0{,}20$m
- Umfang $\geq 60°$
- Maximum der Hebelarmkurve jenseits von $\varphi_{krit.} = 35°$ → $GM_{35°}=0$
- Stabilitätsweg $A_{0\text{-}30°} \geq 0{,}055$ m·rad
- Stabilitätsweg $A_{0\text{-}40°} \geq 0{,}09$ m·rad

c) Wie groß ist KG_{max}?

Lösung:

a) Berechnen der Funktion h_z (φ)
$h_z = w - KM_0 \cdot \sin\varphi$

Phi (°)	0	10	20	30	40	50	60
hz	0,000	0,030	0,070	0,120	0,130	0,040	-0,150

b1) Umstellen der Gleichungen nach GM_0

$h = h_k + h_z = GM_0 \cdot \sin\varphi + h_z \quad \Rightarrow KG = KM - GM_0 = KM - (h - h_z)/\sin\varphi$

$GM_\varphi = \frac{dh_k}{d\varphi} + \frac{dh_z}{d\varphi} = GM_0 \cdot \cos\varphi + \frac{dh_z}{d\varphi} \quad \Rightarrow KG = KM - GM_0 = KM - (GM_\varphi - \frac{dh_z}{d\varphi})/\cos\varphi$

$A = A_k + A_z = GM_0 \cdot (1 - \cos\varphi) + A_z \quad \Rightarrow KG = KM - GM_0 = KM - (A - A_z)/(\cos\varphi_1 - \cos\varphi_2)$

b2) Einsetzten der vorgegebenen Werte

h_{min}: $\varphi = 30°$; $h_{30} = 0{,}20m$, $h_{z30} = 0{,}120m$ $\Rightarrow GM_{min} = 0{,}160$ m $KG_{max} = 6{,}24m$

Umfang: $\varphi = 60°$; $h_{60} = 0{,}00m$, $h_{z60} = -0{,}15m$ $\Rightarrow GM_{min} = 0{,}173m$ $KG_{max} = 6{,}23m$

Max.: $\varphi = 35°$; $GM_{35} = 0{,}0m$, $\left(\frac{dh_z}{d\varphi}\right)_{35°} = 0{,}0573m_{(s.u.)}$ $\Rightarrow GM_{min} = -0{,}069$ m $KG_{max} = 6{,}47m$

Fläche $_{0\ldots30°}$: $A_{30} = 0{,}055m$ $A_{z30} = 0{,}0275m$ $\Rightarrow GM_{min} = 0{,}205m$ $KG_{max} = 6{,}19m$

Fläche $_{0\ldots40°}$: $A_{40} = 0{,}09m$ $A_{z40} = 0{,}0506m$ $\Rightarrow GM_{min} = 0{,}168$ m $KG_{max} = 6{,}23m$

b3) Ermittlung der Funktionen h_z, c_z, A_z an den ausgewählten Stützstellen (hz: siehe Tabelle):

$$\left(\frac{dh_z}{d\varphi}\right)_{35°} = dh_z/d\varphi = (h_{z40°} - h_{z30°})/(10° \cdot \Pi/180°) \qquad = 0{,}0573$$

$$Az_{30°} = \int_{0°}^{30°} hz d\varphi = \frac{3}{8} \cdot \left(\frac{10° \cdot \Pi}{180°}\right) \cdot (1 \cdot hz_0 + 3 \cdot hz_{10} + 3 \cdot hz_{20} + 1 \cdot hz_{30}) \qquad = 0{,}0275$$

$$Az_{40°} = \int_{0°}^{40°} hz d\varphi = \frac{1}{3} \cdot \left(\frac{10° \cdot \Pi}{180°}\right) \cdot (1 \cdot hz_0 + 4 \cdot hz_{10} + 2 \cdot hz_{20} + 4 \cdot hz_{30} + 1 \cdot hz_{40}) \qquad = 0{,}0506$$

c) $KG_{max} = KM - GM_{Min} = 6{,}19m$. Das Grenzkriterium ist A_{30}.

F) Freie Oberflächen und krängende Momente

Aufgabe F.1 Freie Oberflächen

Ein Tanker hat freie Flüssigkeits-Oberflächen in den schraffierten Öltanks (Rho=0,80 t/m³). Sein Deplacement beträgt 150.000t.

a. Wie groß ist die Reduktion der metazentr. Höhe GG' infolge freier Oberflächen?
b. Wie ändert sich der 30°-Hebelarm?
c. Weisen sie nach, dass das Eigenträgheitsmoment eines rechteckigen Tanks $i_T = \frac{l \cdot b^3}{12}$ ist.

Tankgröße: 4x 40m x 10m und 4x 40m x 20m (40m in Längsrichtung)

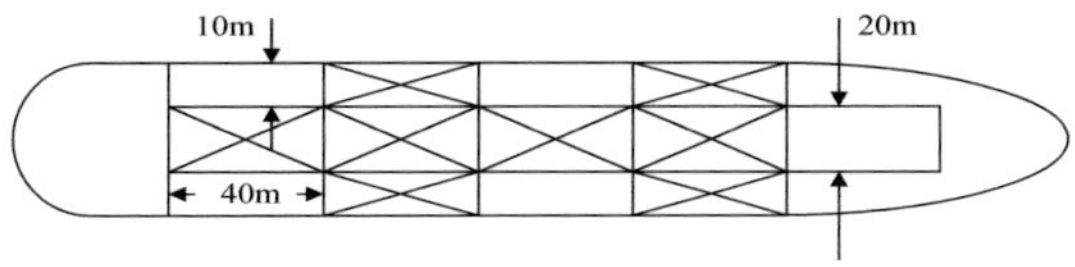

Lösung:

a) $$GG' = \frac{\sum \rho_{Fl} \cdot i_T}{Depl}$$

$$GG' = \frac{0{,}8\frac{t}{m^3} \cdot 4 \cdot \left[\frac{40 \cdot 10^3}{12} m^4 + \frac{40 \cdot 20^3}{12} m^4\right]}{150000t} = 0{,}64\text{m}$$

b) $$\Delta h_{30°} = h_{30° solid} - h_{30° liqid}' = (w - KG_{solid} \cdot \sin 30°) - (w - (KG_{solid} + GG)\sin 30°)$$
$$= +GG' \cdot \sin 30° = +0{,}32m$$

c) $$i_T = \frac{2}{3}\int_0^L y^3 dx = \frac{2dx}{9}\sum y^3 SF = \frac{2 \cdot L}{9 \cdot 2} \cdot \left(\frac{B}{2}\right)^3 \cdot (1 + 4 + 1) = \frac{LB^3}{12} \qquad \text{q.e.d.}$$

Aufgabe F.2 Freie Oberflächen

Ein Schiff mit Depl.=5000t hat 3 Tanks mit freien Oberflächen:

Tank 1: Rechteck mit	$l_1 = 12{,}0$m	$b_1 = 16{,}0$m	$\rho_1 = 0{,}80$ t/m³
Tank 2: Rechteck mit	$l_2 = 16{,}0$m	$b_2 = 12{,}0$m	$\rho_2 = 0{,}90$ t/m³
Tank 3: gleichschenkliges Dreieck	$l_3 = 16{,}0$m	$b_3 = 12{,}0$m	$\rho_3 = 1{,}00$ t/m³

a. Berechnen Sie den Gesamt-Einfluss freier Oberflächen auf die Metazentrische Höhe.
b. Wie groß wäre der Einfluss, wenn Tank 1 und 2 ein Mittellängsschott hätten ?

Lösung:

a) $$GG'_1 = \frac{\cdot \rho_1 \cdot l_1 \cdot b_1{}^3}{Depl \cdot 12} = \frac{0{,}8 \cdot 12 \cdot 16^3}{5000 \cdot 12} = 0{,}655m$$

$$GG'_2 = \frac{\cdot \rho_2 \cdot l_2 \cdot b_2{}^3}{Depl \cdot 12} = \frac{0{,}9 \cdot 16 \cdot 12^3}{5000 \cdot 12} = 0{,}414m$$

$$GG'_3 = \frac{\rho_3}{Depl} \cdot \frac{2}{9} dx \left(\left(\frac{b_l}{2}\right)^3 \cdot 1 + \left(\frac{b_m}{2}\right)^3 \cdot 4 + \left(\frac{b_r}{2}\right)^3 \cdot 1\right) = 0{,}115\ m$$

$b_l = 12$m $\quad b_m = 6$m $\quad$ mit $b_r = 0$m,

$$GG'_{ges} = \sum_{1}^{3} GG' = 0{,}655 + 0{,}414 + 0{,}115 = 1{,}185m$$

b) $$GG'_1 = 2 * \frac{\rho_1 \cdot l_1 \cdot \left(\frac{b_1}{2}\right)^3}{Depl \cdot 12} = 0{,}164m$$

$$GG'_2 = 2 * \frac{\rho_2 \cdot l_2 \cdot \left(\frac{b_2}{2}\right)^3}{Depl \cdot 12} = 0{,}104m$$

$$GG'_3 = 0{,}115m$$

$$GG'_{ges} = 0{,}164 + 0{,}104 + 0{,}115 = 0{,}383m$$

Aufgabe F.3 Krängungswinkel mit / ohne F.S.

Ein Schiff hat Depl.=8000t , KG=4,50m und KM=5,0m . Im Schiff befindet sich ein teilgefüllter, rechteckiger Ballasttank mit der Länge l_{BW}=7,5m und der Breite b_{BW}=15,0m. Anschließend wird eine Masse von m_H=10t um die Distanz dy=12,00 m zur Seite geschoben. Berechen Sie den Krängungswinkel mit Berücksichtigung freier Oberflächen. ($\varphi < 5°$)

Lösung:

$$GM' = KM - KG - GG' = 5{,}0 - 4{,}5 - 0{,}27 = 0{,}23m$$

$$GG' = \frac{\sum \rho \cdot i_T}{Depl} = \frac{7{,}5 \cdot 15^3 \cdot 1{,}025}{12 \cdot 8000} = 0{,}27m$$

Ferner: $M_{auf} = Depl \cdot GM' \cdot \sin\varphi$, $M_{kr} = m_H \cdot dy \cdot \cos\varphi$ } $\tan\varphi = \frac{m_H \cdot dy_H}{Depl \cdot GM'}$ => $\varphi = 3{,}73°$

Aufgabe F4 Schwergut

Ein Schiff mit Depl.=4000t hat eine Masse m_H=50t, die von einem Kran angehoben werden soll. Der Kranhaken befindet sich 18,0m über dieser Masse. Wie verändert sich der Gewichtsschwerpunkt GG* und wie groß ist das krängende Moment, wenn

a. das Seil angezogen und die Masse um 0,001mm angehoben wird?
b. die Masse bis zum Kranhaken angehoben wird?
c. Die Masse bis zum Kranhaken angehoben und anschließend um 12m zur Seite ausgeschwungen wird? ($\varphi = 4{,}7°$)
d. Zusätzlich ein BW-Tank mit freien Oberflächen gefüllt wird (durch Umpumpen $\Sigma\, \rho \cdot i_T$ = 500tm, $\varphi = 5{,}3°$)

Lösung:

a) $GG^* = \frac{m_H \cdot dz}{Depl} = \frac{50 \cdot 18}{4000} = 0{,}225m$ — $M_{kr} = 0$

b) wie a) GG* = 0,225m — $M_{kr} = 0$

c) wie a) GG* = 0,225m — $M_{kr} = m_H\,(dz \cdot \sin\varphi + dy \cdot \cos\varphi) = 675tm$

d) $GG' = 0{,}225 + \frac{500}{4000} = 0{,}35m$ — $M_{kr} = 681$ tm ($\varphi = 5{,}3°$)

Aufgabe F.5 Schwergut, FKB-Diagram

Ein Schiff, dessen Kurvenblatt in Abs.3 (Diagramm) dargestellt wurde, besitzt ein Schwergutgeschirr mit 50t SWL / 25m Ausladung bei einer Höhe der Baumnock von 30m ü. OKK. Das Geschirr arbeitet bei Krängungen bis 4°.

a) Wie groß darf KG_{max} auf Sommerfreibord-Tiefgang sein, damit ein 50t-Colli von Mitte Hauptdeck aufgenommen und mit maximaler Ausladung abgesetzt werden kann?

b) Prüfen sie auch die Forderung SBG 3.3.5.

Lösung:

$T_{UKK} = 9{,}27 \Rightarrow$ Diagramm-Kurvenblatt $\Rightarrow$ Depl $= 20950t$ KM$= 8{,}90m$ KB $= 4{,}95m$

Ferner: $m_H = 50t$ dy $= 25m$ $H_{1.\,Deck} = 12{,}40m$ dz $= 30-12{,}4 = 17{,}6$ m (Toprolle)

a) Stabilität bei $\varphi_{zul} = 4°$ Neigung

$$h_{kr} = \frac{m_H \cdot (dz \cdot \sin\varphi + dy \cdot \cos\varphi)}{Depl}$$

$$h_{aufr} = GM_0 * \cdot \sin\varphi + h_z \quad (h_z = 0)$$

$$GM_0 * = \left(GM_{0_{solid}} - \frac{m_H \cdot dz}{Depl} \right)$$

$$GM_{0_{solid_{min}}} = \frac{m_H}{Depl} \cdot \left(2dz + \frac{dy}{\tan\varphi} \right) = 0{,}94m$$

$$\Rightarrow KG_{solid\ max.} = KM - GM_{0_{solid_{min}}} = 7{,}96\ m$$

b) Stabilität bei $\varphi_{zul+5°} = 9°$ Neigung gemäß SBG 3.3.5

$$h_{kr} + 0{,}10 = \frac{m_H}{Depl} \cdot (dz \cdot \sin\varphi + dy \cdot \cos\varphi) + 0{,}10 = 0{,}1625m$$

$$h_{aufr} = (GM_{0_{solid_{min}}} - \frac{m_H \cdot dz}{Depl}) \cdot \sin\varphi + h_z$$

$$GM_{0_{solid_{min}}} = \frac{h_{kr} + 0{,}10m - h_z}{\sin\varphi} + \frac{m_H \cdot dz}{Depl} = 1{,}05m$$

$$BM = KM - KB = 8{,}90m - 4{,}95m = 3{,}95m$$

$$h_z = \frac{BM}{2} \cdot \tan^2\varphi \cdot \sin\varphi = 0{,}0075m$$

$$\Rightarrow KG_{solid_{max}} = KM - GM_{solid_{min}} = 8{,}90m - 1{,}05m = 7{,}85m$$

Fazit: $KG_{solid_{max}}$ darf maximal 7,85 m betragen, damit alle Forderungen erfüllt sind.

Aufgabe F.6 Querzug

Ein Schlepper (Länge 26,0m, Tiefgang 2,40m, Depl. =310t) wird auf Querzug belastet und mit einer Geschwindigkeit v_q=4,0kn durchs Wasser gezogen. Der Schlepphaken befindet sich 4,50m ü.OKK. Ferner: Querzugbeiwert c=1,1 / BM=4,20m / senkrechte Wände
Welche metazentrische Höhe GM' muss der Schlepper haben, damit der Krängungswinkel φ=10° nicht überschritten wird?

Lösung:

$$Z = \frac{c \cdot \frac{\rho}{2} \cdot v^2_{q[kn]} \cdot \left(0{,}5144 \frac{m/\sec}{kn}\right)^2 \cdot L \cdot T}{9{,}81 kN/t} = 15{,}1t$$

$$\left.\begin{aligned} h_{kr} &= \frac{M_{kr}}{Depl} = \frac{Z \cdot \left(z_H - \frac{T}{2}\right) \cdot \cos\varphi}{Depl} = 0{,}158m \\ h_{aufr} &= GM_0 \cdot \sin\varphi + BM/2 \cdot \tan^2\varphi \cdot \sin\varphi \end{aligned}\right\} \quad GM_0 = \frac{h_{KR} - \frac{BM}{2}\tan^2\varphi\sin\varphi}{\sin\varphi} = 0{,}846m$$

Aufgabe F.7 Drehkreis

Ein Schiff mit Depl.=7000t, Länge=115m, Tiefgang=6,00m, KM=7,20m durchfährt einen Drehkreis mit einer Geschwindigkeit v_o = 16kn. Dabei stellt sich ein Krängungswinkel von 5° ein. Wie hoch liegt der Gewichtsschwerpunkt KG'?

Lösung:

$$\left.\begin{aligned} & h_{Kr.} = F_{Z.} \cdot (KG' - \frac{T}{2}) \cdot \cos(\varphi) / Depl. \\ & mit \quad F_{Z.} = \frac{Depl. \cdot v_D^{\ 2}}{r \cdot 9{,}81 kN/t} \quad mit \quad r \approx 2 \cdot Lpp \\ & und \quad v_{0\left[\frac{m}{s}\right]} = v_{0[kn.]} \cdot 0{,}5144 \quad v_{D.} \approx 0{,}65 \cdot v_0 \end{aligned}\right\} \Rightarrow \quad h_{Kr.} = \frac{0{,}02 \cdot v_0^{\ 2}\left[\frac{m}{s}\right] \cdot (KG' - \frac{T}{2})}{L}$$

$$h_{aufr} = GM' \cdot \sin\varphi = (KM - KG') \cdot \sin\varphi$$

$$\Rightarrow KG' = \frac{KM \cdot \tan(\varphi) + \frac{T}{2}\left(0{,}02 \cdot \frac{v^2_{0\left[\frac{m}{s}\right]}}{L}\right)}{\tan(\varphi) + \frac{v_0^2}{L} \cdot 0{,}02} = 6{,}70m$$

Aufgabe F.8 Kenterpunkt

Ein Hausboot besteht aus einem Ponton (L=10,0m, B=5,0m, H=2,0m, T=1,0m) und einem über die ganze Länge gehenden 2,50 m hohen Aufbau. Der Gewichtsschwerpunkt liegt auf Höhe des Decks. ρ=1,00 t/m³.

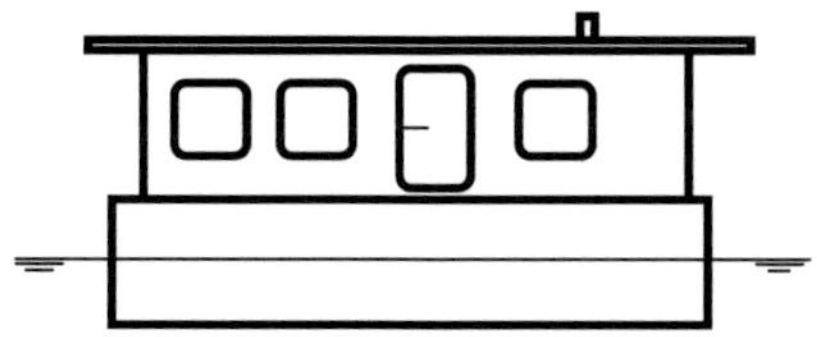

Die Pantokarenen betragen:

Phi	10°	20°	30°	40°	50°
w(m)	0,49	0,96	1,31	1,44	-0,95

Der Ponton schwimmt zunächst ungekrängt und unvertrimmt.

1) Wie groß ist die Anfangsstabilität GM_0 ?

2) Bei stetig langsam zunehmenden Seitenwind neigt sich der Ponton.
Bei welcher Windgeschwindigkeit kentert er? Wie groß ist der statische Kenterwinkel?
Wie sieht eine graphische Lösung und eine numerische Lösung aus?

Lösung:

1. Berechnung der Anfangsstabilität GM_0?

$KG = 2{,}0\ m \quad BM = \dfrac{\rho \cdot L \cdot B^3}{12 \cdot Depl} = 2{,}083\ m \quad KB = T/2 = 0{,}5m$

$Depl = \rho \cdot L \cdot B \cdot T = 50t \qquad \Rightarrow GM_0 = KB + BM - KG = 0{,}583m$

2. Der statische Kenterwinkel φ_{KS} ist erreicht, wenn

$h_{aufr} - h_{kr} = 0$ und $\dfrac{\partial h_{aufr} - \partial h_{kr}}{\partial \varphi} = 0 \Rightarrow$

$h_{aufr} = w - KG \cdot \sin\varphi = w - 2{,}0 \cdot \sin\varphi$

$h_{kr} = c \cdot \dfrac{\rho_L}{2} \cdot v^2_{[\frac{m}{sec}]} \cdot \dfrac{A_L \cdot \cos\varphi \cdot (l_w + T/2)}{Depl \cdot 9{,}81kN/t}$

c= Beiwert = 1,3

$\rho_L = 1{,}226 \cdot 10^{-3}\ t/m^3 = kN\ sec^2/m^4$

$A_L = L\ (H-T+2{,}5m) = 35m^2$

$l_W = (H-T+2{,}5) / 2 = 1{,}75\ m$

Depl = 50t

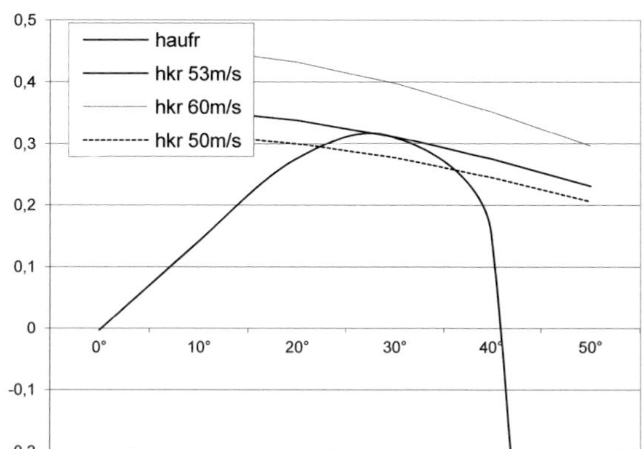

graphische Lösung

$\Rightarrow h_{kr} = 0{,}00012794\ v_W^2 \cos\varphi$

φ	10°	20°	30°	40°	50°
$h_{aufr} = w-2{,}0 \cdot \sin\varphi$	0,142	0,276	0,31(max)	0,154	-2,48
$h_{kr} = 0{,}00012794 \cdot v_w^2 \cdot \cos\varphi$ bei v= 50 m/s	0,315	0,300	0,277	0,245	0,206
$h_{kr} = 0{,}00012794 \cdot v_w^2 \cdot \cos\varphi$ bei v = 60m/s	0,453	0,432	0,398	0,352	0,296

3. Näherungslösung für konstantes Krängungsmoment

=> h_{auf} und h_{kr} gleichsetzen

$$\Rightarrow v_W = \sqrt{\frac{h_{auf\,max}}{0{,}00012794 \cdot \cos\varphi}} = 53\,m/sec$$

Der statische Kenterpunkt ist erreicht bei $\varphi = 30°$ und einer Windgeschwindigkeit $v \approx 53$ m/sec. In diesem Fall berühren sich die aufrichtende und krängende Hebelarmkurve nur noch in einem Punkt.

G) Docken und Grundberührung

Aufgabe G.1 Docken

Ein Schiff mit dem Kurvenblatt (Tabelle) habe die Tiefgänge T_{VL}=7,20m und T_{HL}=7,64m. Der Gewichtsschwerpunkt liegt bei KG=8,42m. Das Schiff soll auf einer einzelnen Reihe Mittelpallen gedockt werden.
Bei welchem Wasserstand muß es seitlich abgestützt werden, damit es nicht kippt?

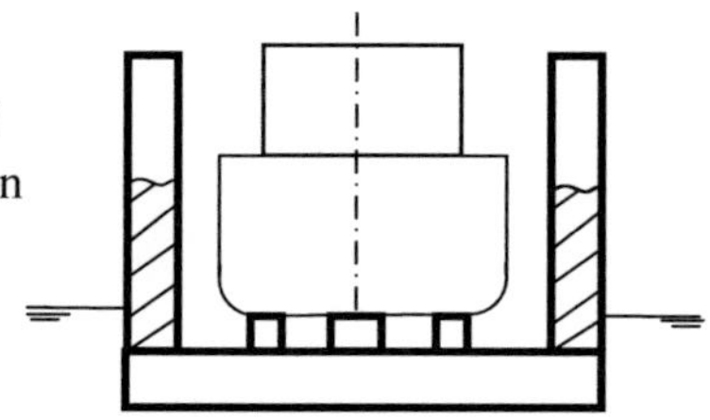

Lösung:

$T_{HL} = 7{,}64$; $T_{VL} = 7{,}20 \Rightarrow T = 7{,}42$ m $\Rightarrow$ Depl = 14751t + 3cm· 23,5t/cm = 14821 t

Die Schwimmlage ist indifferent,
wenn $GM' = (KM - \frac{Depl}{\rho \cdot \nabla} \cdot KG) = 0$ ist. =>

T	KM	$\rho \cdot \nabla$	$GM^* = KM - \frac{Depl}{\rho \cdot \nabla} \cdot KG$
7,00	8,95	13847	-0,06 m
7,04	8,95	13939	-0,002 m

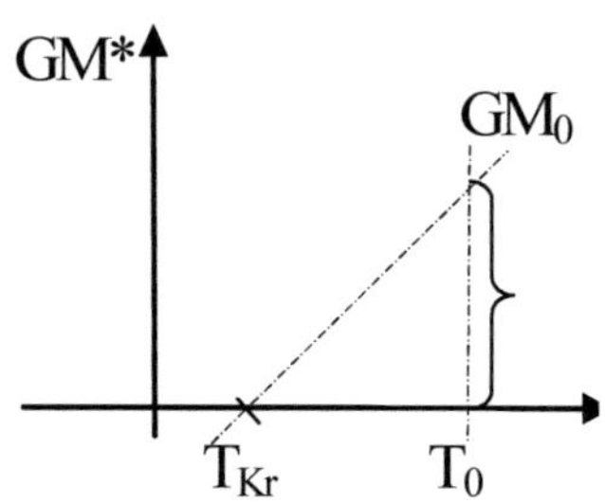

Aufgabe G.2 Docken

Ein Kümo (m_K=1200 t, vcg_K=6,0m) soll gedockt werden.
Das Dock (m_D=1600 t, vcg_D=4,5m) hat folgende Abmessungen
L_{pp}=80m, $B_{außen}$= 20m, b_{innen}=16m,
h_{Dobo}=3m, OK-Dockpallen = 4,5m ü.B.
Die Absenkung des Docks erfolgt durch Füllung der Seitentanks(ρ_{WB} = 1,025 t/m³). Prüfen Sie die Stabilität GM` bei T = 3,01m (Boden überflutet) und T = 4,50m!

Lösung:

1.) Berechnung von Depl und Füllhöhe für T = 3,01m

$Depl_{soll} = \rho \cdot \nabla = \rho \cdot L \cdot B \cdot T = 4936\ t$

$\Rightarrow$ erforderliche Ballastmenge $m_{BW} = Depl - m_K - m_D = 2136t$

$$\text{Füllhöhe} = \frac{m_{BW}}{\rho \cdot L \cdot (B-b)} = 6{,}51m$$

$vcg_{BW} = h_{Dobo} + \text{Füllhöhe}/2 = 6{,}26m$

2.) Ermittlung des Höhenschwerpunktes „KG“

Massenbilanz: $Depl = m_k + m_D + m_{BW}$

$$KG = \frac{m_K \cdot (vcg_K + 4{,}5m) + m_D \cdot vcg_D + m_{BW} \cdot vcg_{BW}}{Depl} = 6{,}71m$$

3.) Berechnung von GM’ bei T=3,01m

$KB = T/2 = 1{,}505\ m$ $\qquad$ $BM = \dfrac{\rho \cdot L \cdot (B^3 - b^3)}{12 \cdot Depl} = 5{,}42m$

Seitentankbreite $b_{WT} = (B-b)/2 = \dfrac{20m - 16m}{2} = 2{,}0m$

$$GG' = \frac{\rho \cdot \Sigma i_T}{Depl} = \frac{2 \cdot \rho \cdot L \cdot b_{WT}^3}{Depl \cdot 12} = 0{,}02m$$ (der Innenraum ist bereits bei BM berücksichtigt)

$GM' = KB + BM - KG - GG' = 0{,}19m$

$\Rightarrow$ GM noch positiv, aber knapp!

4.) Berechnen von GM' bei T = 4,50m

$Depl_{Soll} = \rho \cdot L(B \cdot 4{,}50m - b \cdot 1{,}50m) = 5412t$

$m_{BW} = Depl - m_D - m_K = 2612t$

$$\text{Füllstand} = \frac{m_{BW}}{\rho \cdot L \cdot (B-b)} = 7{,}96m$$

$vcg_{BW} = \dfrac{\text{Füllstand}}{2} + h_{Dobo} = 6{,}98m$ $\qquad$ $b_{WT} = (B-b)/2$

$$KG = \frac{m_K \cdot (vcg_K + 4{,}5m) + m_D \cdot vcg_D + m_{BW} \cdot vcg_{BW}}{Depl} = 7{,}03m$$

$$BM = \frac{\rho \cdot L \cdot (B^3 - b^3)}{12 \cdot Depl} = 4{,}93m$$

$$KB = \frac{L \cdot B \cdot 3{,}0 \cdot 1{,}5 + L(B-b) \cdot (T - 3{,}0) \cdot (3{,}0 + (4{,}5 - 3{,}0)/2)}{Depl/\rho} = 1{,}70m$$

$$GG' = \frac{\rho \cdot \Sigma i_T}{Depl} = \frac{2 \cdot \rho \cdot L \cdot b_{WT}^{\ 3}}{Depl \cdot 12} = 0{,}02m$$ (der Innenraum ist bereits bei BM berücksichtigt)

$GM' = KB + BM - KG - GG' = -0{,}42m$ => kippt um!

H) Leckrechnung

Aufgabe H.1 Ponton im Endzustand der Flutung

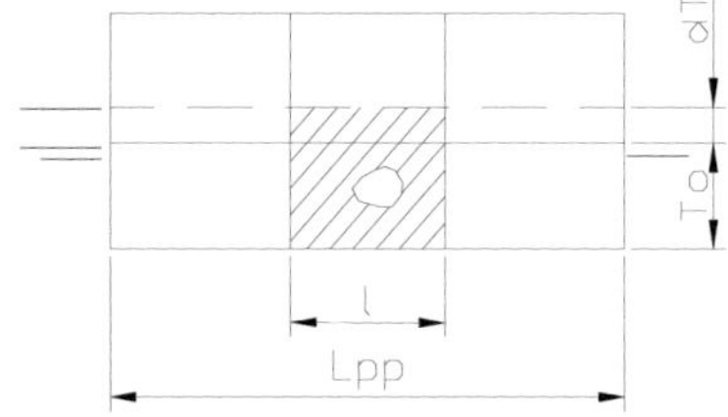

Gegeben ist ein Ponton mit folgenden Hauptabmessungen:
L_{pp}=100,00m B=20,00m T_O=3,00m KG_O=8,00m
Lecklänge l_L=40,00m (sym. Rho=1,00t/m³, $\kappa_v = \kappa_F$=1,0
Berechnen Sie die metazentrische Höhe nach der Methode "hinzukommendes Gewicht" und "wegfallender Auftrieb".

Lösung:

	hinzukommendes Gewicht	wegfallender Auftrieb
$\sum F_Z = 0$	$\underbrace{\rho LBT}_{Depl_T} = \underbrace{\rho LBT_0}_{Depl_0} + \underbrace{\rho\kappa_V lBT}_{m_T}$ $\Rightarrow T = \frac{L \cdot T_0}{(L - \kappa_V \cdot l)} = \frac{100 \cdot 3}{(100-40)} = 5{,}0m$	$\underbrace{LBT}_{\nabla_T} = \underbrace{LBT_0}_{\nabla R} - \underbrace{\kappa_V lBT}_{\bar{v}_T}$ (Restkörper) $\Rightarrow$ dito (T = 5,0m)
Volumen, Schwer-punkt	$Depl_0 = \rho LBT_0 = 100 \cdot 20 \cdot 3 = 6000t$ $\overline{m}_T = \rho \cdot \bar{v}_T = \rho\kappa_V lBT = 4000t$ $Depl_T = Depl_0 + m_L = 10000t$ $z_T = T/2 = 2{,}50m$ $\bar{i}_T = \frac{\varkappa_F \cdot lB^3}{12} = 26666m^4$ $I_T = \frac{LB^3}{12} = 66666m^4$	$\nabla_R = \nabla_0 = LBT_0 = 6000m^3$ $\bar{v}_T = \kappa_V lBT = 4000m^3$ $\nabla_T = LBT = 10000m^3$ $KB_T = T/2 = 2{,}50m$ $z_T = T/2 = 2{,}50m$
$\sum M_V = 0$	$KG_T = \frac{Depl_0 KG_0 + \overline{m}_T z_T}{Depl_T} = 5{,}80m$ $GG'_T = \frac{\rho \cdot \kappa_F \cdot \bar{i}_T}{Depl_T} = 2{,}67m$ $KB_T = T/2 = 2{,}50m$ $BM_T = \frac{\rho * I_T}{Depl_T} = 6{,}67m$	$KG_R = KG_0 = 8{,}0m$ (Gewicht ohne Änderung) $GG'_R = 0$ (keine freien Oberflächen) $KB_R = \frac{\nabla_T KB_T - v_T z_T}{\nabla_R} = 2{,}50m$ $BM_R = \frac{\overbrace{I_T - \kappa_F i_T}^{I_R}}{\nabla_R} = 6{,}67m(Zufall)$
Zusammen-setzung $\varphi < 5°$ $h_Z = 0$	$GM'_T = KB_T + BM_T - KG_T - GG'_T = 0{,}70m$ $M_{Auf} = Depl_T \cdot GM'_T \sin\varphi = 7000tm \cdot \sin\varphi$	$GM'_R = KB_R + BM_R - KG_R - GG'_R = 1{,}17m$ $M_{Auf} = Depl_R \cdot GM'_R \sin\varphi = 7000tm \cdot \sin\varphi$

Aufgabe H.2 Ponton im Zwischenzustand der Flutung

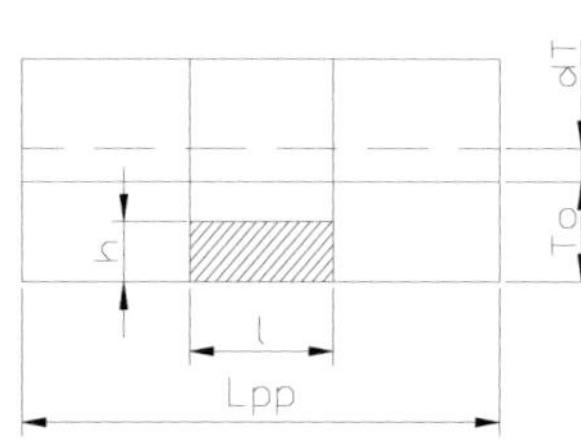

Gegeben ist ein Ponton mit folgenden Hauptabmessungen:
L_{pp}=100,00m B=20,00m T_O=3,00m KG_O=8,00m $\kappa_v = \kappa_F$=1,0
Lecklänge l_L=40,00m (sym.) ρ=1,0t/m³ Höhe des Wasserstandes h=1,50m. Berechnen Sie die metazentrische Höhe nach der Methode "hinzukommendes Gewicht" und "wegfallender Auftrieb".

Lösung:

	„hinzukommendes Gewicht“	„wegfallender Auftrieb“
$\sum F_Z = 0$	$\underbrace{\rho LBT}_{Depl_T} = \underbrace{\rho LBT_0}_{Depl_0} + \underbrace{\rho\kappa_v \cdot lBh}_{m_{h.}}$ $\Rightarrow T = T_0 + \dfrac{\kappa_v \cdot l \cdot h}{L} = 3{,}60m$	$\underbrace{LBT}_{\nabla_T} = \underbrace{\underbrace{LBT_0}_{\nabla_R} + \underbrace{\kappa_v \cdot lBh}_{\bar{v}_{h.}}}_{Restkörper}$ $\Rightarrow$ dito (T = 3,60m)
Volumen, Schwer-punkt	$Depl_0 = \rho LBT_0 = 100 \cdot 20 \cdot 3 = 6000t$ $m_h = \rho\kappa_v \cdot lBh = 1200t$ $Depl_T = Depl_0 + m_h = 7200t$ $z_h = h/2 = 0{,}75m$ $\bar{i}_T = \dfrac{\kappa_F \cdot l \bullet B^3}{12} = 26666\ m^4$ $I_T = L*B^3/12 = 66666\ m^4$	$\nabla_R = \nabla_0 = 6000m^3$ $\bar{v}_{h.} = \kappa_v \cdot lBh = 1200m^3$ $\nabla_T = LBT = 7200m^3$ $KB_T = T/2 = 1{,}80m$ $z_h = h/2 = 0{,}75m$ $\bar{i}_i = \dfrac{\kappa \cdot l \cdot B^3}{12}$
$\sum M_V = 0$	$KG_T = \dfrac{Depl_0 KG_0 + m_{h.} z_{h.}}{Depl_T} = 6{,}79m$ $GG'_T = \dfrac{\rho \cdot \bar{i}_T}{Depl_T} = 3{,}70m$ $KB_T = T/2 = 1{,}80m$ $BM_T = \dfrac{\rho \cdot I_T}{Depl_T} = 9{,}26m$	$KG_R = KG_0 = 8{,}0m$ (ohne Änderung) $GG'_R = 0$ (keine freie Oberfläche) $KB_R = \dfrac{\nabla_T KB_T - \overline{v_h z_h}}{\nabla_0} = 2{,}01m$ 6 7·R8 $BM_R = \dfrac{I_{T_T} - \bar{i}_T}{\nabla_R} = 6{,}67m$
Zusammen-setzung $\varphi < 5°$ $h_Z = 0$	$GM'_T = KB_T + BM_T - KG_T - GG'_T$ $= 0{,}564m$ $M_{Auf} = Depl_T \cdot GM'_T \sin\varphi$ $= 4060tm \cdot \sin\varphi$	$GM'_R = KB_R + BM_R - KG_R - GG'_R$ $= 0{,}677m$ $M_{Auf} = Depl_R \cdot GM'_R \sin\varphi$ $= 4060tm \cdot \sin\varphi$

Aufgabe H.3 Leckrechnung einer Klappschute (w.A.)

Gegeben ist eine Klappschute mit folgenden Abmessungen:

L_{pp}, B, T_O, KG_O, b = Laderaumbreite, $\rho = 1{,}0t/m^3$ $\kappa = 1{,}0$

a. Berechnen Sie den Stabilitätsverlust $\Delta GM = f(b,B,T_O)$ nach der Methode "wegfallender Auftrieb".

b. Bei welcher Laderaumbreite $b = f(B,T_O)$ ist der Stabilitätsverlust ΔGM am größten?

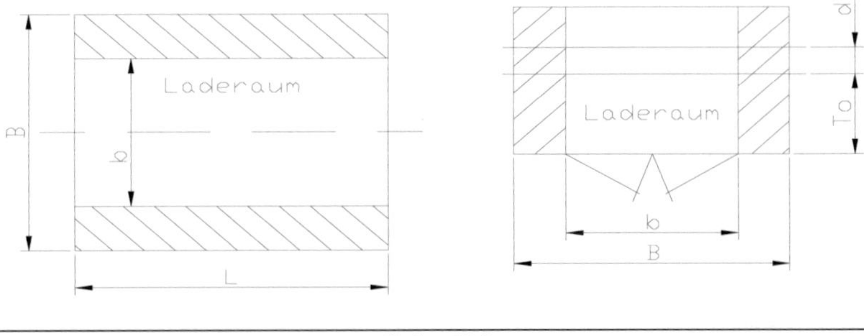

Lösung:

1. Berechnung der Tiefertauchung $\sum F_Z = 0$

$\nabla_R = \nabla_0 = LBT_0$

$\nabla_T = \nabla_R + \bar{v}_T$

$\Rightarrow$ LBT = LBT$_0$ + LbT und mit $\bar{b} = \kappa_v \cdot b$ $\Rightarrow T = \frac{BT_0}{B - \bar{b}}$

2. Berechnung des GM-Verlustes

$KB_0 = \frac{T_0}{2}$ $\quad KB_R = \frac{T}{2} = \frac{B \cdot T_0}{2 \bullet (B - \bar{b})}$

$BM_0 = \frac{L \cdot B^3}{12 \cdot LBT_0}$ $\quad BM_R = \frac{I_T - \bar{i}_T}{\nabla_R} = \frac{L \cdot (B^3 - b^3)}{12 \cdot LBT_0} = \frac{(B^3 - \bar{b}^3)}{12 * BT_0}$

$KG_R = KG_0$, $GG'_R = 0$, $GG'_0 = 0$

$$\begin{aligned} \Rightarrow \quad \Delta GM &= GM_0 - GM_R \\ &= (KB_0 + BM_0 - KG_0 - GG'_0) - (KB_R + BM_R - KG_R - GG'_R) \\ &= KB_0 - KB_R + BM_0 - BM_R - KG_0 + KG_R \\ &= \frac{T_0}{2} - \frac{BT_0}{2(B - \bar{b})} + \frac{B^3}{12 \cdot BT_0} - \frac{B^3 - \bar{b}^3}{12 \cdot BT_0} + 0 \\ &= \frac{T_0}{2} - \frac{BT_0}{2(B - \bar{b})} + \frac{\bar{b}^3}{12 \cdot BT_0} \end{aligned}$$

3. Der GM – Verlust ist am größten, wenn $\frac{\partial(\Delta GM)}{\partial b} = 0$, also wenn die Ableitung = 0 ist!

$$\Rightarrow \quad \frac{\partial(\Delta GM)}{\partial b} = 0 = 0 - \frac{BT_0}{2(B - \bar{b})^2} + \frac{\bar{b}^2}{4BT_0} = 0 \quad | \cdot(-4 \cdot BT_0)$$

$$\Rightarrow \quad \frac{4 \cdot T_0^2 B^2}{2(B - \bar{b})^2} = \bar{b}^2 \quad \Rightarrow \frac{\sqrt{2} \cdot BT_0}{(B - \bar{b})} = \bar{b}$$

Ausmultiplizieren: $\bar{b}^2 - B\bar{b} + \sqrt{2} \cdot BT_0 = 0$ → $\boxed{\bar{b}_{1,2} = \frac{B}{2} \pm \sqrt{\frac{B^2}{4} - \sqrt{2} \cdot BT_0}}$

4. Zahlenbeispiel

a. $\frac{B}{2} = 16$ → $b_{1,2} = \frac{B}{2} \pm B\sqrt{\frac{1}{4} - \frac{\sqrt{2}}{16}} = B \cdot \left(\frac{1}{2} \pm \sqrt{\frac{1}{4} - \frac{\sqrt{2}}{16}}\right)$

→ $b_1 = 0{,}9 \cdot B$ (max GM-Verlust) → $\Delta GM = +0{,}690 \cdot B$ (Verlust)

→ $b_2 = 0{,}1 \cdot B$ (min GM-Verlust) → $\Delta GM = -0{,}00214 \cdot B$ (Gewinn)

b. $\frac{B}{2} = 4 \cdot \sqrt{2}$ → $b_{1,2} = \frac{B}{2}$ → $\Delta GM = 0{,}0295 \cdot B$ (Verlust)

<u>Hinweis:</u> Bei b=0 gilt $T = T_0$

Bei b=B gilt $T = \frac{B \cdot T_0}{B - B}$ → ∞ → $KB_R = \frac{\infty}{2}$ → $KM_R = \infty$

→ $GM_R = 0$ → $\Delta GM = GM_0 - GM_R = -\infty$ (Stabiitätsgewinn)

5. Aufgabe H.4 Leckrechnung einer Bohrinsel mit Drehung der Trägheits-Achsen

Eine Bohrinsel aus 4 Zylindern habe folgende Abmessungen: $H = KG_O = 30{,}00m$
$dy=dx=28{,}11m$ (halber Rohrabstand), $T_O=10{,}0m$, $d=10{,}0m$, $\rho=1{,}00t/m^3$, $\kappa=0{,}5$
Ein Rohr wird geflutet.

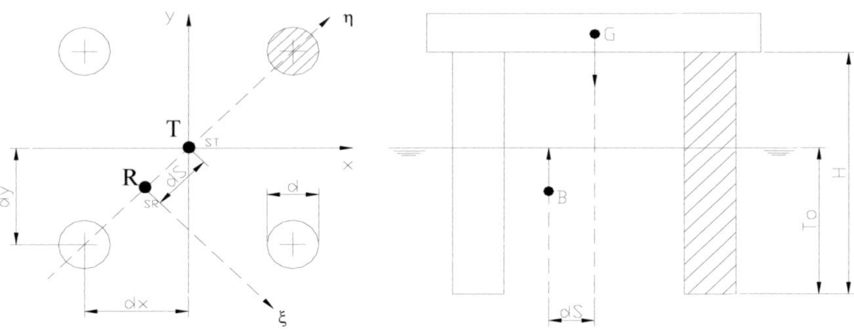

1. Berechnen Sie den Lecktiefgang "T" nach der Methode „wegfallender Auftrieb"!
2. Berechnen Sie den Höhenschwerpunkt KB_R des Restkörpers
3. " das Eigen-Trägheitsmoment des Ganzkörpers $I_{T.min}$ (4 Rohre)
4. " das Mindest-Trägheitsmoment des Restkörpers $I_{R.min}$
5. " den Achsen-Drehwinkel "α"
6. " den Krängungswinkel "ϕ" durch Momentenbilanz (ϕ < 10°).
7. Prüfen Sie, ob der Boden austaucht oder Seite Deck zu Wasser kommt.

Lösung:

1) WL – Fläche $a = \frac{\pi d^2}{4} = 78{,}5\ m^2 = 4 \cdot a$

Verdrängung intakt $\nabla_0 = 4 \cdot a \cdot T_0$ $= 3140m^3$

Fortfallender Auftrieb $\nabla_0 = \nabla_T - \bar{v}_L \Rightarrow 4 \cdot a \cdot T_0 = 4 \cdot a \cdot T - \kappa \cdot a \cdot T \Rightarrow \quad T = \frac{4 \cdot T_0}{(4-\kappa)}$ $= 11{,}43m$

2) Unmittelbar einleuchtend ist: $KB_R = \frac{T}{2} = \frac{2 \cdot T_0}{(4 - \kappa_v)}$ $= 5{,}714m$

3) Eigenträgheitsmoment eines Beines: $i_{eigen} = \frac{\pi \cdot d^4}{64} = \frac{a^2}{4 \cdot \pi}$ $= 490{,}6m^4$

⇨Eigenträgheitsmoment des Ganzkörpers:

$$I_{TT} = I_{LT} = 4 \cdot i_{eigen} + 4 \cdot a \cdot dy^2 = a\left(\frac{a}{\pi} + 4dy^2\right) = 250.000m^4$$

4a) Berechnung der Schwerpunktverschiebung $\odot_T \rightarrow \odot_R$ durch Momentenbilanz um $\odot_T$:

$$A_R = A_0 - \varkappa a = 4a - \varkappa a = a \cdot (4 - \varkappa)$$

$$A_R \cdot \Delta tcf = A_0 \cdot 0 - \varkappa \cdot a \cdot dy$$

$$\Rightarrow \Delta tcf = \left|\frac{-\varkappa \cdot a \cdot dy}{A_R}\right| = \left|\frac{-\varkappa \cdot dy}{4-\varkappa}\right| = \frac{\varkappa \cdot dy}{4-\varkappa} \quad dx = dy \Rightarrow \Delta lcf = \Delta tcf$$

4b) Berechnung der Trägheitsmomente I_{LR}, I_{TR}, I_{ZR} bezogen auf „$\odot_R$“

$$I_{TR} = I_{TT} + A_T \cdot \Delta tcf^2 - (\kappa\, i_T + \kappa\, a \cdot (dy + \Delta tcf)^2) = 214310 m^4$$

Ganzfläche um $\odot_R$: $I_{TT} + A_T \cdot \Delta tcf^2$

Leckfläche um $\odot_R$: $(\kappa\, i_T + \kappa\, a \cdot (dy + \Delta tcf)^2)$

$$I_{LR} = I_{TR} \qquad = 214310 m^4 \quad \text{(wegen dx=dy, } \Delta tcf = \Delta lcf)$$

$$I_{ZR} = \overset{0}{\cancel{I_{ZT}}} + A_T \cdot \Delta tcf \cdot \Delta lcf - [\kappa\, i_Z - \kappa\, a(dx + \Delta lcf)(dy + \Delta tcf)]$$

$$= A_T \cdot \Delta tcf^2 - \kappa\, a(dy + \Delta tcf)^2$$

$$= 4 \cdot 78{,}5 m^2 \cdot 4{,}01^2 - 0{,}5 \cdot 78{,}5 \cdot (28{,}1 + 4{,}0)^2 = -35444 m^4 \qquad (\textit{Negativ!})$$

4c) Berechnung des Mindest – Trägheitsmoments

$$I_{Min} = \frac{I_{TR} + I_{LR}}{2} - \left|\sqrt{\left(\frac{I_{LR} - I_{TR}}{2}\right)^2 + I_{ZR}^2}\right| = 214310 - 35444 = 178867 m^4$$

5) $$\tan 2\alpha = \frac{2 \cdot I_{ZR}}{I_{LR} - I_{TR}} = \infty \qquad \Rightarrow 2\alpha = 90° \Leftrightarrow \alpha = 45°$$

6a) Berechnung der metazentrischen Höhe des Restkörpers

$GM_R = KB_R + BM_R - KG_0 - GG'$

$$= \frac{T}{2} + \frac{I_{min}}{\nabla_0} - KG_0 - 0 = 5{,}72 + 56{,}97 - 30 - 0 = 32{,}69 m$$

6b) Momentenbilanz (Drehung um die ξ-η- Achsen)

Für $\varphi < 10°$ gilt:

$$M_{Auf\ R} = \rho \nabla_R \cdot (GM_R \sin\varphi + h_Z)$$

$$M_{KR\ R} = \rho \nabla_R \cdot (\Delta tcf \cdot \sqrt{2}) \cdot \cos\varphi$$

$M_{Auf} = M_{Kr}$, Abstand zwischenGewicht $\odot_T$ und Auftrieb $\odot_R$ = $(\Delta tcf \cdot \sqrt{2})$ =>

$\Rightarrow$ a) Näherung für kleine Winkel $\varphi < 5°$: $h_Z = 0$

$$\tan\varphi = \Delta tcf \cdot \frac{\sqrt{2}}{GM_R} = \frac{4{,}01 \cdot 1{,}41}{32{,}71} \quad \Rightarrow \quad \varphi = 9{,}8°$$

$\Rightarrow$ b) Näherung mittlere Winkel $\varphi < 10°$ $\quad h_Z = \frac{BM}{2}\tan^2\varphi \sin\varphi$

$$GM_R \tan\varphi + \frac{BM_R}{2}\tan^3\varphi = tcf \cdot \sqrt{2} \quad \Rightarrow \quad \varphi = 9{,}4° \qquad (iterativ)$$

7) Jetzt muss noch geprüft werden, ob bei einer Krängung von 10° weder der Boden austaucht noch das Deck eintaucht.

Defekte Säule: $\quad T_{Stb} = T + (dy + \Delta tcf) \cdot \sqrt{2} \cdot \tan 10° \approx 19{,}3m$

Gegenüberliegende, heile Säule: $\quad T_{Bb} = T - (dy - \Delta tcf) \cdot \sqrt{2} \cdot \tan 10° \approx 5{,}5m$

$\Rightarrow$ Bei einer Seitenhöhe von H=30m taucht weder das Deck ein noch der Boden aus.

Anmerkung:

Nach der Katastrophe der „Alexander Kjelland“ im Jahre 1980 fordern die norwegischen Vorschriften, dass bei einem defektem Bein der Krängungswinkel nicht größer als 10° werden darf. Diese Bohrinsel würde das Kriterium gerade erfüllen.

Aufgabe H.5 Leckrechnung eines Küstentankers

Ein Küstentanker habe folgende Abmessungen:

L_{pp}=66,00m B=8,30m T_O=2,10m KG_O=3,44m V_O= 725m³

KB~0,56*T (aus FKB) BM~6,18/T (aus FKB) A_{WL}~460m²

Lcf_0=30,00m I_L=99800m⁴ ρ = 1,00t/m³ κ_F = 1,00

A) Verletzung ohne Trimm ohne Krängung (nur Tiefertauchung)

Der Maschinenraum einschl. Doppelboden wird geflutet.

l_L=5,80m b_L=8,20m $cb_{To} = v_0/(l_L \cdot b_L \cdot T_0)$ =0,80 z_L=0,55·T κ_v = 0,85

Berechnen Sie das GM des verletzten Schiffes nach der Methode "wegfallender Auftrieb" und "hinzukommendes Gewicht". Weisen Sie Gleichwertigkeit nach.

B) Verletzung mit Krängung, ohne Trimm (unsym., h.G.):

Eine seitliche Leckabteilung wird geflutet:

l_L=6,70m b_L=1,80m dy= 3,25m cb_0=0,90 z_L=0,55·T κ_v=0,95

Ermitteln Sie die metazentrische Höhe des verletzten Ganzkörpers und näherungsweise die Schlagseite (φ<10°).

C) Verletzung mit Trimm, ohne Krängung (sym., w.A.):

Eine Vorschiffs-Abteilung wird geflutet:

l_L=6,70m b_L=8,00m x_L= 45,0m cb_o=0,90 z_L=0,55·T κ_v=0,95

Ermitteln Sie die Tiefgänge vorn und hinten und die metazentr. Höhe des Restkörpers.

Lösung:

A) Verletzung ohne Trimm, **ohne Krängung, w.A.**

A.1. Bestimmung des Lecktiefganges und des Leckvolumens

$$\overline{v_0} = \kappa_V \cdot l_L \cdot b_L \cdot T_0 \cdot c_{Bo} = 0{,}85 \cdot 5{,}8 \cdot 8{,}2 \cdot 2{,}1 \cdot 0{,}8 = 67{,}9m^3$$

$$\overline{a} = \kappa_F \cdot l_L \cdot b_L = 47{,}6m^2$$

$$\overline{i_T} = \kappa_F \cdot \frac{lb^3}{12} = 267m^4$$

$$\Rightarrow Tiefertauchung: \quad \overline{v_0} = (A_{WL} - \overline{a}) \cdot dT \quad \Rightarrow dT = 0{,}165m$$

$$\Rightarrow T = T_0 + dT = 2{,}265m$$

$$\Rightarrow \overline{v_T} = \overline{v_0} + \overline{a} \cdot dT = 75{,}7m^3$$

$$\nabla_T = \nabla_0 + \overline{v_T} = \underline{800{,}7m^3}$$

A.2. Bestimmung von GM_R nach der Methode „wegfallender Auftrieb"

$$GM_R = KB_R + BM_R - KG_R - \overline{GG'}_R$$

$KG_R = KG_0 = 3{,}44m$

$$BM_R = \frac{I_{TR}}{\nabla_R} = \frac{I_{TT} - \overline{i_T}}{\nabla_0} = \frac{BM_T \cdot \nabla_T - \overline{i_T}}{\nabla_0} = 2{,}64m$$

$$\nabla_R \cdot KB_R = \nabla_T \cdot KB_T - \overline{v_T} \cdot z_T \quad \Rightarrow \quad KB_R = 1{,}27m$$

$GM_R = 1{,}27 + 2{,}64 - 3{,}44 - 0 = 0{,}47m$

A.3. Bestimmung von GM_T nach der Methode „hinzukommendes Gewicht"

$$GM_T = KB_T + BM_T - KG_T - GG'_T$$

$$GG'_T = \frac{\overline{i_T}}{\nabla_T} = 0{,}334m$$

$$\rho\nabla_T \cdot KG_T = \rho\nabla_0 KG_0 + \rho \cdot \overline{v_T} \cdot z_T \quad \Rightarrow KG_T = 3{,}24m$$

$BM_T = 2{,}73m$ (FKB)

$KB_T = 1{,}27m$ (FKB)

$GM_T = 0{,}56T + 6{,}12/T - 3{,}24 - 0{,}334 = 0{,}426$

A.4. <u>Gleichgewicht</u>

$$\nabla_R \cdot GM_R \overset{!}{=} \nabla_T \cdot GM_T$$

$340 = 340$ q.e.d.

B) Verletzung ohne Trimm, mit Krängung (unsym., h.G.)

B.1. Bestimmung des vorläufigen Endtiefganges und des Leckraumvolumens v_T

$$\overline{v_0} = \kappa_v \cdot I_L \cdot b_L \cdot T_0 \cdot c_{B0} = 21{,}65\text{m}^3$$

$$\overline{a} = \kappa_F \cdot I_L \cdot b_L = 12{,}06\text{m}^2$$

$$\overline{i_T} = \kappa_F \cdot \frac{I_L \cdot b_L^3}{12} = 3{,}26\text{m}^4$$

$$\overline{v_0} = \left(A_{WL} - \overline{a}\right) \cdot dT \quad \Rightarrow dT = 0{,}05\text{m}$$

$$T = T_0 + dT = 2{,}15\text{m}$$

$$\overline{v_T} = \overline{v_0} + \overline{a} \cdot dT = 22{,}2\text{m}^3$$

$$\nabla_T = \nabla_0 + \overline{v_T} = 725 + 22 = 747\text{m}^3$$

B.2. Ermittlung von GM_T

$$GM_T = KB_T + BM_T - KG_T - \overline{GG_T'}$$

$$\overline{GG_T'} = \frac{\rho \cdot \left(\overline{i_T} + \overline{a} \cdot d_y^2\right)}{\rho \cdot \nabla_T} = 0{,}175m$$

$$\rho \cdot \nabla_T \cdot KG_T = \rho \cdot \nabla_0 \cdot KG_0 + \rho \cdot \overline{v_T} \cdot z_T \Rightarrow KG_T = 3{,}37\text{m}$$

BM_T = 2,88 m (FKB)

KB_T = 1,20m (FKB)

GM_T = 1,20+2,88-3,37-0,175 = 0,535m

B.3. Ermittlung des Krängungswinkels

$$M_{auf} = \rho \cdot \nabla_T \cdot \left(GM_T \cdot \sin\varphi + h_{z_T}\right)$$

$$\|$$

$$M_{Kr} = \rho \cdot \overline{v_T} \cdot d_y \cdot \cos\varphi$$

1. Ansatz $h_z = 0$ ⇨ $\tan\varphi = \frac{\overline{v_T} \cdot dy}{\nabla_T \cdot GM_T}$ ⇒ φ = 10,3°

2. Ansatz $h_z = \frac{BM_T}{2} \tan^2\varphi \cdot \sin\varphi$ ⇒ φ = 9,5°

B.4. Nacharbeiten: $\overline{v_{Tneu}} = \overline{v_{Talt}} + a \cdot dy \cdot \tan\varphi$ = 22,2+12,06·3,2·tan 9,5° = 27,1m³ => B.1.

C) Verletzung mit Trimm, ohne Krängung (sym., w. A.)

C.1. Bestimmung der Leckraumwerte (w.A.)

$$\overline{v_0} = l_L \cdot b_L \cdot T_0 \cdot c_{B0} \cdot \kappa_v \qquad = 96{,}2\text{m}^3$$

$$\overline{a} = l_L \cdot b_L \cdot \kappa_F \qquad = 53{,}6\text{m}^2$$

$$\overline{i_T} = \frac{l_L \cdot b_L^3}{12} \cdot \kappa_F \qquad = 285{,}8\text{m}^4$$

$$\overline{i_L} = \frac{l_L^3 \cdot b_L}{12} \cdot \kappa_F \qquad = 200{,}5\text{m}^4$$

C.2. Berechnung der parallelen Tiefertauchung

Der wegfallende Auftrieb wird durch die WL-Restscheibe ersetzt:

$$\overline{v_0} = \left(A - \overline{a}\right) \cdot dT \qquad \Rightarrow \text{dT} = 0{,}24\text{m}$$

$$\text{T} = \text{T}_0 + \text{dT} \qquad = 2{,}34\text{m}$$

$$\overline{v_T} = \overline{v_0} + \overline{a} \cdot dT \qquad = 109{,}1\text{m}^3$$

$$\nabla_T = \nabla_0 + \overline{v_T} \qquad = 832\text{m}^3$$

C.3. Momentenbilanz zur Ermittlung des Trimms

$$M_{TR} = \rho \cdot \overline{v_0} \cdot \left(lcf_R - x_L\right) \cdot \cos\psi$$

$$M_{auf} = \rho \cdot \nabla_R \cdot GM_{LR} \cdot \sin\psi = \rho \cdot I_{LR} \cdot \sin\psi$$

$$\tan\psi = \frac{\overline{v_0} \cdot \left(lcf_R - x_L\right)}{I_{LR}} = -0{,}019034$$

(vorlastig)

$$GM_L \approx BM_L = \frac{I_{LR}}{\nabla_R}$$

C.3.a. Berechnung von Lcf_R

$$A_R \cdot lcf_R = A_T \cdot lcf_T - \overline{a} \cdot x_L \qquad \Rightarrow lcf_R = 28{,}02m$$

$$A_R = \left(A - \overline{a}\right)$$

C.3.b. Berechnung von I_{LR} (um den ⊗ lcf R)

$$I_{LR} = I_{LT} + A_T \cdot \left(lcf_T - lcf_R\right)^2 - \left[\overline{i_L} + \overline{a} \cdot \left(x_L - lcf_R\right)^2\right] = 85940m^4$$

$$MCT = \frac{\rho \cdot I_L}{Lpp}$$

C.4. Berechnung der Tiefgänge

$$T_{(x)} = \left(T_0 + dT\right) + \left(lcf_R - x\right) \cdot \tan\psi$$

x = 0 ⇨ T_{HL} = 1,86m

x = Lpp ⇨ T_{VL} = 2,99m

C.5. Metazentrische Höhe des Restkörpers (w.A.)

$$GM_R = KB_R + BM_R - KG_R - \cancel{GG'_R} = 0{,}51m \quad (GG'_R \to 0)$$

KG_R = 3,44m

$$BM_R = \frac{I_{TR}}{\nabla_R} = \frac{I_{T_T} - \overline{i_T}}{\nabla_0} = \frac{\nabla_T \cdot BM_T - \overline{i_T}}{\nabla_0} = 2{,}64m$$

$$\nabla_R \cdot KB_R = \nabla_T \cdot KB_T - \overline{v_T} \cdot z_T \quad \Rightarrow KB_R = 1{,}31m$$

I) Formkurvenblätter und Diagramme

HOWALDTSWERKE DEUTSCHE WERFT AG HAMBURG UND KIEL — Aufgabe 3.6 + 10
BAU-NR. / YARD-NO. 152
DATUM / DATE 10.06.80 — SEITE / PAGE 12

**** TABELLARISCHES KURVENBLATT / HYDROSTATIC TABLES ****

T-UKK (M)	Depl. SEE-W. (T)	KM (M)	MCT (MT/M)	LCB (M)	LCF (M)	TPC (T/CM)	ta +	tf -	Depl.-FW. (T)	T-UKK (M)
7.00	13847	8.95	17258	68.06	67.70	22.97	0.408	0.394	13509	7.00
7.01	13870	8.95	17282	68.06	67.68	22.99	0.408	0.394	13532	7.01
7.02	13893	8.95	17307	68.05	67.66	23.00	0.408	0.394	13554	7.02
7.03	13916	8.95	17332	68.05	67.65	23.01	0.408	0.395	13577	7.03
7.04	13939	8.95	17357	68.05	67.63	23.02	0.408	0.395	13599	7.04
7.05	13962	8.95	17382	68.06	67.61	23.04	0.408	0.395	13621	7.05
7.06	13985	8.95	17407	68.06	67.59	23.05	0.408	0.395	13644	7.06
7.07	14008	8.95	17433	68.06	67.57	23.06	0.408	0.395	13666	7.07
7.08	14031	8.95	17458	68.05	67.55	23.07	0.408	0.395	13689	7.08
7.09	14054	8.95	17483	68.05	67.54	23.09	0.408	0.396	13711	7.09
7.10	14077	8.96	17508	68.05	67.52	23.10	0.408	0.396	13734	7.10
7.11	14100	8.96	17534	68.05	67.50	23.11	0.408	0.396	13756	7.11
7.12	14123	8.96	17559	68.05	67.48	23.12	0.408	0.396	13779	7.12
7.13	14146	8.96	17585	68.05	67.47	23.14	0.408	0.396	13801	7.13
7.14	14169	8.96	17610	68.05	67.45	23.15	0.408	0.397	13824	7.14
7.15	14192	8.96	17636	68.05	67.43	23.16	0.408	0.397	13846	7.15
7.16	14216	8.96	17662	68.05	67.41	23.17	0.408	0.397	13869	7.16
7.17	14239	8.96	17688	68.04	67.39	23.19	0.408	0.397	13891	7.17
7.18	14262	8.96	17713	68.04	67.38	23.20	0.408	0.397	13914	7.18
7.19	14285	8.96	17739	68.04	67.36	23.21	0.408	0.397	13937	7.19
7.20	14308	8.96	17765	68.04	67.34	23.22	0.408	0.398	13959	7.20
7.21	14331	8.96	17791	68.04	67.33	23.24	0.408	0.398	13982	7.21
7.22	14355	8.96	17817	68.04	67.31	23.25	0.408	0.398	14004	7.22
7.23	14378	8.96	17843	68.04	67.29	23.26	0.408	0.398	14027	7.23
7.24	14401	8.96	17869	68.04	67.28	23.28	0.408	0.398	14050	7.24
7.25	14424	8.97	17896	68.04	67.26	23.29	0.408	0.398	14072	7.25
7.26	14447	8.97	17922	68.03	67.24	23.30	0.408	0.399	14095	7.26
7.27	14471	8.97	17948	68.03	67.23	23.31	0.408	0.399	14118	7.27
7.28	14494	8.97	17975	68.03	67.21	23.33	0.407	0.399	14140	7.28
7.29	14517	8.97	18001	68.03	67.19	23.34	0.407	0.399	14163	7.29
7.30	14541	8.97	18028	68.03	67.18	23.35	0.407	0.399	14186	7.30
7.31	14564	8.97	18054	68.03	67.16	23.36	0.407	0.399	14209	7.31
7.32	14587	8.97	18081	68.03	67.14	23.38	0.407	0.399	14231	7.32
7.33	14611	8.97	18108	68.03	67.12	23.39	0.407	0.400	14254	7.33
7.34	14634	8.97	18135	68.02	67.11	23.40	0.407	0.400	14277	7.34
7.35	14657	8.97	18162	68.02	67.09	23.42	0.407	0.400	14300	7.35
7.36	14681	8.97	18189	68.02	67.07	23.43	0.407	0.400	14323	7.36
7.37	14704	8.98	18216	68.02	67.05	23.44	0.407	0.400	14346	7.37
7.38	14728	8.98	18243	68.02	67.04	23.45	0.407	0.400	14368	7.38
7.39	14751	8.98	18270	68.02	67.02	23.47	0.407	0.401	14391	7.39

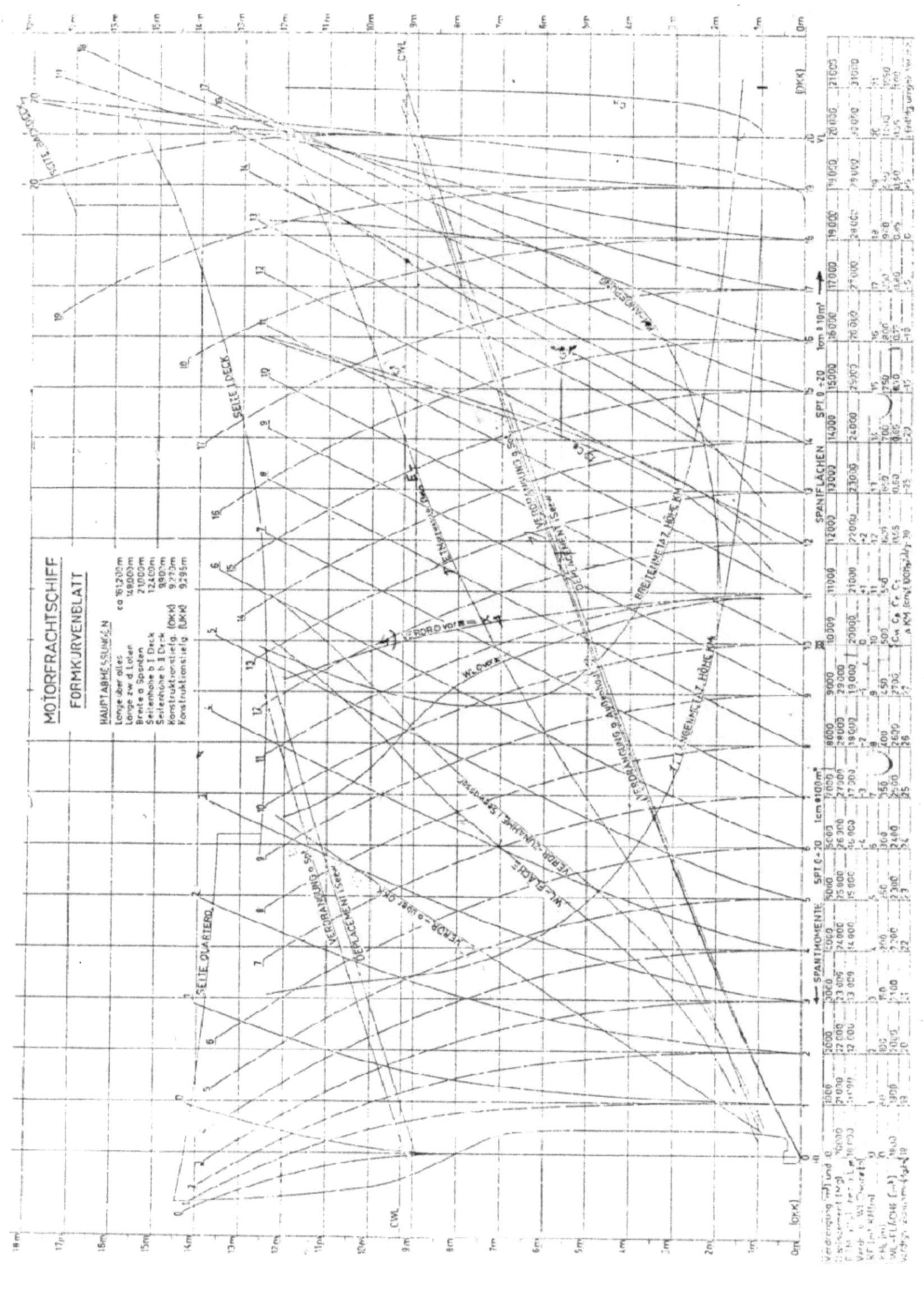
MOTORFRACHTSCHIFF
FORMKURVENBLATT
HAUPTABMESSUNGEN
SPANTMOMENTE
SPANTFLÄCHEN
SEITE QUARTERD.
SEITE I DECK

14. Formelsammlung

1. Archimedes $Depl = \rho \cdot V$

2. Momentenbilanz $Depl = \sum m_i$ $\quad lcg = \dfrac{\sum m_i \cdot lcg_i}{Depl}$

3. Guidin'sche Regel $Depl \cdot \overline{GG'} = m_{Fl} \cdot \overline{bm}$ $\quad \overline{GG'} \parallel \overline{bm}$

4. Hauptspant-Querschnitt

$$GM' = KB + BM - KG - GG'$$

KB aus FKB $\quad BM = \dfrac{I_T}{V} \quad KG = \dfrac{\sum m_i \cdot vcg_i}{Depl} \quad GG' = \dfrac{\sum \rho_{Fl} \cdot i_T}{Depl}$

$i_T = \dfrac{2}{9} \cdot \dfrac{l}{2} \cdot \sum y^3 \cdot SF$ mit y = halbe Breite

5. Trimm: $T(x) = T + (Lcf - x) \cdot \tan\psi$

mit $\tan\psi = \dfrac{\Delta T}{Lpp} = \dfrac{M_{Tr}}{MCT \cdot Lpp} = \dfrac{Depl(Lcb - Lcg)}{MCT \cdot Lpp} \quad MCT = \dfrac{\rho \cdot I_L}{Lpp}$

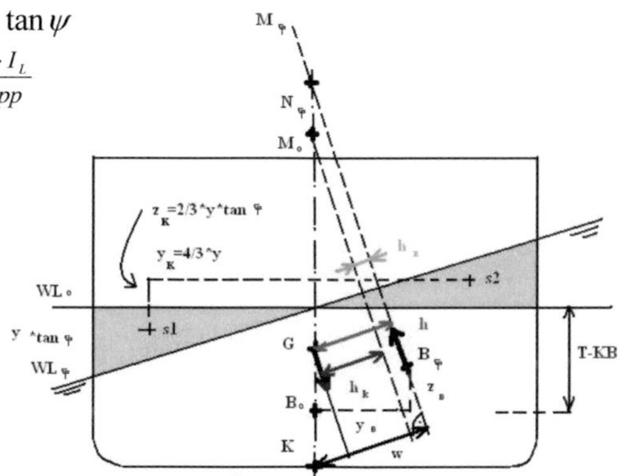

6. Hebel aufrichtend $h_{aufr.} = h_k + h_z$

mit $h_k = GM \cdot \sin\varphi$

$h_z = 0$ bei $\varphi < 5°$

$h_z = (BM/2) \cdot \tan^2\varphi \sin\varphi$ bei $\varphi < 10°$

$h_z = w - KM^* \sin\varphi$ bei φ = beliebig

7. Hebel krängend

a) Schwergut: $h_{kr} = \dfrac{m_H}{Depl} \cdot (dz \cdot \sin\varphi + dy \cdot \cos\varphi)$ mit $GG' = \dfrac{m_H \cdot dz}{Depl}$

b) Wind: $h_w = p_w\left[\frac{kN}{m^2}\right] \cdot A_L \cdot \cos\varphi \cdot \left(l_w + \dfrac{T}{2}\right) \;/\; (Depl * 9{,}81 kN/t)$

c) Drehkreis: $h_D = \left(0{,}02 \cdot v_0^2\left[\frac{m}{s}\right] \Big/ L\right) \cdot \left(KG - \dfrac{T}{2}\right) \cdot \cos\varphi \;/\; (\text{Depl.} \cdot 9{,}81)$

d) Schlepper: $h_q = c \cdot \dfrac{\rho}{2} \cdot L \cdot T \cdot v_q^2\left[\frac{m}{s}\right] \cdot \left(z_H - \dfrac{T}{2}\right) \cdot \cos\varphi \,/\, (\text{Depl.} \cdot 9{,}81)$

8. Sonstiges

a. GM<0 => labil GM=0 => indifferent GM>0 => stabil

b. Affine Verzerrung, z.B. $KM = \tau \cdot KB^* + (\beta^2/\tau) \cdot BM^*$

c) statischer Kenterwinkel $h_{aufr.} - h_{Kr.} = 0 \quad \dfrac{\partial h_{aufr.}}{\partial\varphi} - \dfrac{\partial h_{Kr.}}{\partial\varphi} = 0$

d) dynamischer Kenterwinkel: $\int h_{aufr.} d\varphi - \int h_{Kr.} d\varphi = 0 \quad h_{aufr.} - h_{Kr.} = 0$

e) Docken: $GM' = KM - Depl \cdot KG/(\rho \cdot V) \geq 0$

f) Negative Anfangsstabilität => wenn $GM < 0$, $\varphi < 10°$ => $\tan\varphi = \sqrt{(-2GM/BM)}$

e) Simpson-Regeln Doppelstreifen: $\int y\,dx = (dx/3)\sum y \cdot SF \quad \{1,4,1\}$

Dreifachstreifen: $\int y\,dx = (3 \cdot dx/8)\sum y \cdot SF \quad \{1,3,3,1\}$

9.) Leckstabilität

Wegfallender Auftrieb => $\nabla_R = (\nabla_T - \overline{\upsilon}_T) = \nabla_O$ $\qquad dT = \dfrac{\overline{\upsilon_0}}{A_T - \overline{a}}$

mit $KG_R = KG_0$, $GG'_R = 0$, KB_R über Momentenbilanz

$$BM_R = \frac{I_T - \left(i_{eigen} + \overline{a} \cdot dy^2\right)}{\nabla_O} \Rightarrow GM_R = KB_R + BM_R - KG_R - \overline{GG'}_R$$

Hinzukommendes Gewicht => $Depl_T = (Depl_O + \rho \overline{\upsilon}_T)$ $\qquad dT = \dfrac{\overline{\upsilon_T}}{A_T}$

mit KB_T, BM_T aus FKB, KG_T aus Momentenbilanz

$$GG_T' = \frac{\rho \cdot i_{eigen} + \rho\, \overline{a} \cdot dy^2}{Depl_T} \quad \Rightarrow$$

,

$$GM_T = KB_T + BM_T - KG_T - \overline{GG'}_T$$

Näherungslösung für die Vertrimmung eines Schiffes im Leckzustand (w.A.)

$$lcf_R \cdot \left(A_T - \overline{a}\right) = lcf_T \cdot A_T - x_T \cdot \overline{a}$$

$$I_{LR} = \underbrace{I_{LT} + A_T\left(lcf_R - lcf_T\right)^2}_{Intakfl\ddot{o}che\ bezogen\ auf\ Lcf_R} - \underbrace{\left\{ \overline{i}_L + \overline{a}\left(lcf_R - x_T\right)^2 \right\}}_{Leckfl\ddot{a}che\ bezogen\ auf\ Lcf_R}$$

$$\tan\psi = \frac{\overline{\upsilon_0}}{I_{LR}}(lcf_R - x_L)$$

Näherungslösung für die Krängung eines Schiffes im Leckzustand (h.G.)

$$M_{Aufr} = \rho\nabla_T \cdot (GM_T \sin\varphi + hz_T)$$

$$M_{Kr} = \rho \cdot \overline{\upsilon}_T \cdot dy \cdot \tan\varphi$$

mit ∇_T, GM_T siehe oben

$\overline{\upsilon_T} = \overline{\upsilon_0} + \overline{a} \cdot (dT + y * \tan\varphi)$

$hz_T = 0$ bei kleinen Winkeln

15. Quellen und Literaturverzeichnis

Literatur

Nr.	Autor	Titel	Quelle
1.	Prof. Schneekluth	Hydromechanik zum Schiffsentwurf	ISBN 3782204166
2.	Prof. Abicht	Handbuch der Werften XIX	Schiffahrts-Verlag Hansa
3.	Prof. Lehmann	Grundzüge des Schiffbaus Bd.1	TUHH 2005
4.	Prof. Meier-P.	Handbuch der Schiffsbetriebstechnik	ISBN 9783877438169
5.	Bertram e.a.	Ship Design for Efficiency	ISBN 0750641339
6.	Pursey	Merchant Ship Stability	ISBN 0851744427
7.	Reeds	Naval Architecture for Naval Eng.	ISBN 0947637850
8.	Grillmer	Introduction in Naval Arch.	ISBN 0870213180
9.	IMO	Code on Intact Stability A 749	ISBN 9280113348
10.	Kuchling	Taschenbuch der Physik	ISBN 9783446410282
11.	Babicz	Encyclopedia of Ship Knowledge	ISBN 9788392515500

Die folgenden Quellen wurden mir freundlicherweise überlassen:

	Quelle		Verwendung
a.	Frau Kaja Grope, Kiel		Foto S.5
b.	Köhler-Mittler Verlag	aus 1.)	Abbildung S.38,43,44,52,54,57,60,66,71,74,75
c.	Schiffahrtsverlag Hansa	aus 2.)	Abbildung S.76,119,122
d.	Lindenau GmbH, Kiel		Abbildung S.73, 75